U0360868

迟殿委　　侯爱玲／编著

Spark
机器学习技术及应用

清华大学出版社

北京

内 容 简 介

本书是基于 Spark ML 和 Scala 语言编写的机器学习实战书籍,基于目前新版本的 Spark 框架展开,内容包括机器学习准备、机器学习核心应用、综合项目提升三部分。首先是机器学习准备部分,包括第 1～4 章,分别介绍了大数据与 Spark 的基础知识、Spark 安装和开发环境配置、Scala 编程基础、Spark 数据结构基础。然后是机器学习核心应用部分,包括第 5～10 章,分别介绍了 Spark 机器学习基础、线性回归及应用、分类算法及应用、数据降维及应用、聚类算法及应用、关联规则挖掘算法及应用。最后的综合项目提升部分包括第 11 和第 12 两章,分别通过综合实战项目案例进行巩固提升。

本书配套较丰富的实战案例,并为案例提供了详细的操作步骤。另外,本书配套了程序源代码和 PPT 等。本书可作为从事大数据分析和人工智能工作的工程师的参考用书,也可作为高等学校计算机科学与技术、软件工程、数据科学与大数据技术、智能科学与技术、人工智能等专业的大数据课程教材。

图书在版编目(CIP)数据

Spark 机器学习技术及应用 / 迟殿委,侯爱玲编著. -- 北京:清华大学出版社,2025.3.
ISBN 978-7-302-68884-6

Ⅰ. TP274

中国国家版本馆 CIP 数据核字第 2025LD4165 号

责任编辑:张　玥　薛　阳
封面设计:吴　刚
责任校对:刘惠林
责任印制:丛怀宇

出版发行:清华大学出版社
网　　址:https://www.tup.com.cn,https://www.wqxuetang.com
地　　址:北京清华大学学研大厦 A 座　　　　　　邮　编:100084
社 总 机:010-83470000　　　　　　　　　　　邮　购:010-62786544
投稿与读者服务:010-62776969,c-service@tup.tsinghua.edu.cn
质量反馈:010-62772015,zhiliang@tup.tsinghua.edu.cn
课件下载:https://www.tup.com.cn,010-83470236
印 装 者:三河市龙大印装有限公司
经　　销:全国新华书店
开　　本:185mm×260mm　　　印　张:12.25　　　字　数:300 千字
版　　次:2025 年 5 月第 1 版　　　　　　　印　次:2025 年 5 月第 1 次印刷
定　　价:55.00 元

产品编号:107933-01

随着大数据技术的飞速发展和广泛应用,利用大数据进行高效的机器学习已成为当今数据科学领域的热点话题。Apache Spark 作为一款优秀的通用大数据框架,因强大的数据处理能力和便捷的编程接口受到极大的关注和应用。本书旨在为读者提供一套系统而实用的学习指南,帮助读者掌握 Spark 在机器学习中的应用,重点掌握基于 Spark ML 和 Scala 语言的机器学习算法实战应用。

本书是一本面向广大数据科学爱好者、工程师和研究人员的既有一定理论深度又有实践指导的教材。通过学习本书,读者不仅可以深入理解 Spark 的数据结构和编程基础,还能学会利用 Spark 进行高效的机器学习模型构建和应用。本书不仅配套了较丰富的实战案例,并为案例提供了详细的操作步骤,而且配套了源代码和 PPT 等。本书可作为从事大数据分析和人工智能工作的工程师的参考用书,也可作为高等学校计算机科学与技术、软件工程、数据科学与大数据技术、智能科学与技术、人工智能等专业的大数据课程教材。

全书基于目前新版本的 Spark 框架展开,内容包括机器学习准备、机器学习核心应用、综合项目提升三部分。首先是机器学习准备部分,包括第 1~4 章,分别介绍了大数据与 Spark 的基础知识、Spark 的安装和开发环境配置、Scala 编程基础、Spark 数据结构基础。然后是机器学习核心应用部分,包括第 5~10 章,分别介绍了 Spark 机器学习基础、线性回归及应用、分类算法及应用、数据降维及应用、聚类算法及应用、关联规则挖掘算法及应用。最后的综合项目提升部分包括第 10、11 两章,分别通过综合实战项目案例进行巩固提升。

本书具有以下特点。

(1) 本书基于 Spark ML 和 Scala 语言编写机器学习经典算法,环境搭建步骤清晰、简洁,易于上手,重点放在机器学习算法理解和应用上,而不在环境搭建上花费过多时间。

(2) 本书重视理论与实践相结合,重点关注实战应用。本书核心部分在于机器学习算法讲解和实战应用,配套了较丰富的实战案例,并为案例提供了详细的操作步骤。主要内容包括框架搭建和开发环境安装、各种算法经典案例引入、算法原理讲解、综合项目实战提升等,并将实战与理论知识相结合,加深读者对理论的理解。

（3）本书以应用型人才培养为目标,适合工程技术人员快速掌握机器学习实战技能。基于 Spark ML 和 Scala 语言,读者可以学习建立大数据环境下的机器学习工程化思维,在不必深究算法细节的前提下实现大数据分类、聚类、回归、协同过滤、关联规则、降维等算法,最后通过综合实战项目案例巩固提升。

（4）本书基于 Spark 较新且稳定的版本展开,符合企业目前主流开发需要。在配套支持上,提供每章案例源码,并提供配套的 PPT、项目代码等,满足教师开展大数据技术、人工智能相关课程的教学需要。读者可在清华大学出版社官方网站下载。

本书由迟殿委、侯爱玲共同编写。其中,迟殿委主导设计本书的整体结构和项目案例编写了第 1～11 章和各章项目案例,并统稿,侯爱玲参与编写了第1～4 章。在编写过程中,部分内容参考了 Apache Spark 官方文档中机器学习的 Spark ML 部分,吸取了国内外教材的精髓,在此对这些作者的贡献表示由衷的感谢。本书在出版过程中,得到了清华大学出版社的大力支持,在此表示诚挚的感谢。

由于作者水平有限,书中难免有不妥和疏漏之处,恳请各位专家和读者不吝赐教和批评指正,并与作者讨论。

迟殿委

2024 年 7 月于烟台

第 4 章　Spark 数据结构基础　/54

第1章 大数据与Spark

随着社会各行各业积累的历史数据不断增加,大数据已不仅是调查领域;基于大数据进行分析和挖掘是改变业务实践和营销策略的强大力量。据 BCG 称,大数据可以帮助分散的零售商将销售额提高 3%～4%。大数据作为数据分析的来源,可以为决策者提供关联规则建议,可以为用户推荐喜爱的商品,可以对未来结果做出预测等。当人们每天面对扑面而来的海量数据时,需要挖掘其中蕴含的无限资源,提取有价值的建议和规则。本书的目的就是希望所有的大数据技术人员都有这种从数据海洋里寻宝的能力,而 Spark ML 在其中扮演着重要角色。它不仅能够处理海量数据,还能够通过机器学习算法从中提取有价值的信息和模式,无论是数据挖掘、推荐系统、实时预测还是科学研究等领域。

本章学习目标

- 大数据的概念及来源
- 大数据处理方式介绍
- Spark 概述
- Spark 机器学习库

1.1 什么是大数据

什么是大数据?想了解这个问题的答案之前必须知道什么是数据。其实,文本、声音、图片、视频都是数据。想想你用手机数据线连上计算机时都传了些什么内容,那些都是各种形式的数据。

那么如何定义大数据呢?大数据指的就是数据体量达到了一定的级别,而现有的算法和工具无法在合理的时间内给予处理。当然,大数据还具有多样性(Variety)、价值密度低(Valueless)、处理速度快(Velocity)等特点。但其最重要的特点还是数据体量(Volume)大。描述大数据的体量时需要带上度量单位,下面是一些数据单位之间的换算关系。

1B(Byte,字节)＝8b(bit,比特)

1KB(Kilobyte,千字节)＝1024B

1MB(Megabyte,兆字节,简称"兆")＝1024KB

1GB(Gigabyte,吉字节,又称"千兆")＝1024MB

1TB(Terabyte,万亿字节,太字节)＝1024GB

1PB(Petabyte,千万亿字节,拍字节)＝1024TB

1EB(Exabyte,百亿亿字节,艾字节)＝1024PB

1ZB(Zettabyte,十万亿亿字节,泽字节)＝1024EB

1YB(Yottabyte,一亿亿亿字节,尧字节)＝1024ZB

1BB(Brontobyte,一千亿亿亿字节)＝1024YB

1NB(Nonabyte)＝1024BB

1DB(Doggabyte)＝1024NB

人们使用迅雷下载电影时,下载速度显示的 500KB 中的 B 指的就是其基本单位,即字节(Byte)。其实人们对 KB、MB、GB 应该都是有一定概念的,如用手机拍一张照片大约就是 1MB,一部电影差不多几吉字节,一块移动硬盘基本达到 TB 级别,而真正的大数据是需要至少达到后面这些单位的级别的,如 PB、EB 等。1PB 就相当于美国国家图书馆藏书的所有内容的和。而 Google 每天都在处理约 20PB 的数据。一般认为达到 PB 级别以上的数据才可以称为大数据。

1.2　大数据的来源和数据分析的关键要素

大数据的来源非常广泛,如信息管理系统、网络信息系统、物联网系统、科学实验系统等,其数据类型包括结构化数据、半结构化数据和非结构化数据。主要有以下三个来源。

一是传统互联网企业依旧在产生巨大的交易类数据,如京东、淘宝等。例如,淘宝在"双11"的当天,交易额可以突破千亿元,由交易产生的数据高达几十 GB,而这仅是一天的数据,而且是顾客购物记录的文本数据。另外,还有其他交易数据,如 POS 机数据、信用卡刷卡数据等。

二是物联网的发展带来了大数据。这类数据由各种感应器、量表、智能设备等设备产生,如智能家居设备的数据、工业设备的运行状态数据、环境监测数据等。如今已经进入了物联网时代,也即在原来只有计算机组成的互联网的基础上,加入了许多非计算机节点。大街小巷的监控每天都在记录视频数据,物流中转站每天都在用手持设备扫描货物入库出库,还有门禁、学生刷的校园卡消费数据,另外还有家居智能产品等,这些物联网设备在城市的每个角落随处可见,所以现在也有了智慧城市、智慧地球的概念。这是大数据很重要的一个来源。

三是移动应用产生的数据。智能手机上的软件可以帮助存储和收集各种数据,包括用户的地理位置、使用习惯、浏览记录等。此外,也包括用户社交系统产生的数据,移动应用也是大数据的重要来源。

麦肯锡全球研究所给出的大数据的定义是:一种规模大到在获取、存储、管理、分析方面大大超出了传统数据库软件工具能力范围的数据集合,具有海量的数据规模、快速的数据流转、多样的数据类型和价值密度低四大特征。

大数据分析需要具备哪些知识呢?

1. 可视化分析

大数据分析的使用者有大数据分析专家,同时还有普通用户,但他们对大数据分析最基本的要求就是可视化分析,因为可视化分析能够直观地呈现大数据的特点,同时能够非常容易被读者接受,就如同看图说话一样简单明了。

2. 数据挖掘算法

大数据分析的理论核心就是数据挖掘算法,各种数据挖掘算法基于不同的数据类型和格式才能更加科学地呈现出数据本身具备的特点,也正是因为这些被全世界统计学家所公认的各种统计方法(可以称之为真理)才能深入数据内部,挖掘出公认的价值。另外,正是因为有了这些数据挖掘的算法才能更快速地处理大数据,如果一个算法需要花上好几年才能得出结论,那大数据的价值也就无从说起了。

3. 预测性分析能力

大数据分析最重要的应用领域之一就是预测性分析,从大数据中挖掘出特点,科学地建立模型,之后便可以通过模型带入新的数据,从而预测未来的数据。

4. 语义引擎

大数据分析广泛应用于网络数据挖掘,可从用户的搜索关键词、标签关键词或其他输入语义,分析、判断用户需求,从而实现更好的用户体验和广告匹配。

5. 数据质量和数据管理

大数据分析离不开数据质量和数据管理,高质量的数据和有效的数据管理,无论是在学术研究还是在商业应用领域,都能够保证分析结果的真实和有价值。

大数据分析的基础就是以上 5 方面,当然如果深入大数据分析,还有很多更加有特点的、更加深入的、更加专业的大数据分析方法。

1.3　Spark 概述

Apache Spark 是专为大规模数据处理而设计的快速通用的计算引擎。

Spark 是 UC Berkeley AMP Lab (加州大学伯克利分校的 AMP 实验室)所开源的类 Hadoop MapReduce 的通用并行框架。Spark 拥有 Hadoop MapReduce 所具有的优点;但不同于 MapReduce 的是,Job 中间输出结果可以保存在内存中,从而不再需要读写 HDFS,因此,Spark 能更好地适用于数据挖掘与机器学习等需要迭代的 MapReduce 的算法。

Spark 是一种与 Hadoop 相似的开源集群计算环境,但两者之间还存在一些不同之处,这些有用的不同之处使 Spark 在某些工作负载方面表现得更加优越,换句话说,Spark 启用了内存分布数据集,除了能够提供交互式查询外,还可以优化迭代工作负载。

Spark 是在 Scala 语言中实现的,它将 Scala 用作其应用程序框架。与 Hadoop 不同,

Spark 和 Scala 能够紧密集成,其中 Scala 可以像操作本地集合对象一样轻松地操作分布式数据集。

尽管创建 Spark 是为了支持分布式数据集上的迭代作业,但是实际上它是对 Hadoop 的补充,可以在 Hadoop 文件系统中并行运行。通过名为 Mesos 的第三方集群框架可以支持此行为。Spark 由加州大学伯克利分校的 AMP 实验室(Algorithms, Machines and People Lab)开发,可用来构建大型的、低延迟的数据分析应用程序。

Spark 是一个简单的大数据处理框架,它可以帮助程序设计人员和数据分析人员在不了解分布式底层细节的情况下,通过编写一个简单的数据处理程序就可以对大数据进行分析计算。

Spark 通过 HDFS 使用自带的和自定义的特定数据格式(RDD、DataFrame),基本上可以按照程序设计人员的要求处理任何数据(如音乐、电影、文本文件、Log 记录等),而不论数据类型是什么样的。编写相应的 Spark 处理程序,可以帮助用户获得任何想要的答案。

有了 Spark 后,再没有数据被认为是过于庞大而不好处理或不好存储的,从而解决了之前无法解决的、对海量数据进行分析的问题,便于发现海量数据中潜在的价值。

1.4　Spark 机器学习库

机器学习是一项强大的技术,用于开发个性化服务、精确推荐系统和预测分析系统等,以便提供更多样化、更以用户为中心的数据产品和服务。许多机器学习算法在执行过程中涉及大量的迭代计算。Spark 是用于迭代处理的高效内存计算系统,目前构建基于 Spark 的机器学习包的项目和产品在学术界和工业界得到广泛应用。

首先谈一下 Spark 机器学习包新旧版本 MLlib 的区别。ML 和 MLlib 都是 Spark 中的机器学习库,都能满足目前常用的机器学习功能需求。Spark 官方推荐使用 ML,因为它功能更全面、更灵活,未来会主要支持 ML,MLlib 很有可能会被废弃。

ML 主要操作的是 DataFrame,而 MLlib 操作的是 RDD,也就是说,二者面向的数据集不一样。相比于 MLlib 在 RDD 提供的基本操作,ML 在 DataFrame 上的抽象级别更高,数据和操作耦合度更低。ML 中的操作可以使用 Pipeline,与 Sklearn 一样,可以把很多操作(算法、特征提取、特征转换)以管道的形式串起来,然后让数据在这个管道中流动。ML 中无论是什么模型,都提供了统一的算法操作接口,比如模型训练都是 fit。

如果将 Spark 比作一颗闪亮的星星,那么其中最明亮、最核心的部分就是 ML。ML 是一个构建在 Spark 上、专门针对大数据处理的并发式高性能机器学习库,其特点是采用较为先进的迭代式、内存存储的分析计算,使数据的计算处理速度大大高于普通的数据处理引擎。

ML 机器学习库还在不停地更新中,Apache 的相关研究人员仍在不停地为其添加更多的机器学习算法。目前 ML 中已经有通用的学习算法和工具类,包括统计、分类、回归、聚类、降维等,如图 1-1 所示。

对预处理后的数据进行分析,从而获得包含着数据内容的结果。ML 作为 Spark 的核心处理引擎,在诞生之初就为处理大数据而采用了"分治式"的数据处理模式,将数据分散到

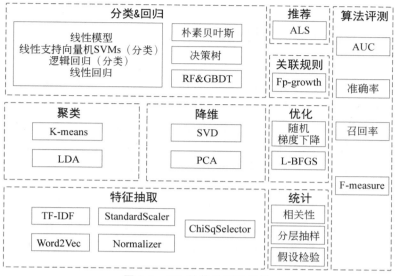

图 1-1　ML 的算法和工具类

各个节点中进行相应的处理。通过数据处理的"依赖"关系,ML 的处理过程层层递进。这个过程可以依据要求具体编写,其好处是避免了大数据处理框架所要求进行的大规模数据传输,从而节省了时间,提高了处理效率。

　　ML 借助函数式程序设计思想,让程序设计人员在编写程序的过程中只需要关注其数据,而不必考虑函数调用顺序,不用谨慎地设置外部状态。所有要做的就是传递代表了边际情况的参数。

　　ML 采用 Scala 语言编写。Scala 语言是运行在 JVM 上的一种函数式编程语言,其特点是可移植性强,最重要的特点是"一次编写,到处运行"。借助 RDD 或 DataFrame 数据统一输入格式,用户可以在不同的 IDE 上编写数据处理程序,通过本地化测试后可以在略微修改运行参数后直接在集群上运行。对结果的获取更为可视化和直观,不会因为运行系统底层的不同而造成结果的差异与改变。

　　ML 是 Spark 的核心内容,也是其中最闪耀的部分。对数据的分析和处理是 Spark 的精髓,也是挖掘大数据这座宝山的金锄头。Spark 3.5 中的数据集使用 DataFrame 格式,并且支持使用管道 API 进行运算。它对机器学习算法的 API 进行了标准化,以便更轻松地将多种算法组合到单个管道或工作流中。有了 Pipeline(见图 1-2)之后,ML 更适合创建包含从数据清洗到特征工程再到模型训练等一系列工作。

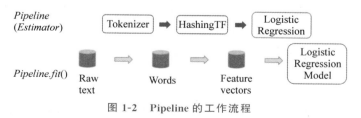

图 1-2　Pipeline 的工作流程

1.5 Spark 前景

在大数据领域，只有深挖数据科学领域，走在学术前沿，才能在底层算法和模型方面走在前面，从而占据领先地位。Spark 的这种学术基因，使得它从一开始就在大数据领域建立了一定优势。无论是性能，还是方案的统一性，对比传统的 Hadoop，其优势都非常明显。Spark 提供的基于 RDD 的一体化解决方案，将 MapReduce、Streaming、SQL、Machine Learning、Graph Processing 等模型统一到一个平台下，以一致的 API 公开，并提供相同的部署方案，使得 Spark 的工程应用领域变得更加广泛。

Spark 的代码活跃度很高，从 Spark 的版本演化看，足以说明这个平台旺盛的生命力以及社区的活跃度。尤其自 2013 年来，Spark 进入了一个高速发展期，代码库提交与社区活跃度都有显著增长。以活跃度论，Spark 在所有 Aparch 基金会开源项目中，位居前列。相较其他大数据平台或框架而言，Spark 的代码库最为活跃。

Spark 是一个新兴的、能够便捷和快速处理海量数据的计算框架，得到了越来越多从业者的关注与重视。使用其中的 ML 能够及时准确地分析海量数据，从而获得大数据中所包含的各种有用信息。例如，经常使用的聚类推荐、向感兴趣的顾客推荐相关商品和服务；或者为广告供应商提供具有针对性的广告服务，并且通过点击率的反馈获得统计信息，进而有效地帮助他们调整相应的广告投放能力。

2015 年 6 月 15 日，IBM 宣布了一系列 Apache Spark 开源软件相关的措施，旨在更好地存储、处理以及分析大量不同类型的数据。IBM 将在旧金山开设一家 Spark 技术中心，这一举措将直接教会 3500 名研发人员使用 Spark 来工作，并间接影响超过一百万的数据科学家和工程师，让他们更加熟悉 Spark。

相对于 IBM 对 Spark 的大胆采纳，其他一些技术厂商对 Spark 则是持相当保留的态度。IBM 近年来将战略重点转向数据领域，在大数据、物联网、软件定义存储及 Watson 系统等领域投入大量资金。

IBM 在 Spark 开源软件方面的举动，将会对许多以 Spark 为框架协议的初创公司带来利益，最重要的是会使业界对 Spark 开源软件的接受度和应用率增加。因为 Spark 开源软件不仅对初创公司有利，对于一些大的数据项目来说也是非常好的解决方案。

Spark 将是大数据分析和计算的未来，定将会成为应用最为广泛的计算架构之一。越来越多的公司和组织选择使用 Spark，不仅体现出使用者对大数据技术和分析能力的要求越来越高，也体现出 Spark 这一新兴的大数据技术对于未来的应用前景越来越好。

 小结

Spark 是未来大数据处理的最佳选择之一，其最核心、最重要的部分就是 ML。掌握了使用 ML 对数据进行处理的技能，可以真正使大数据"为我所用"。

第2章 Spark 3.5安装和开发环境配置

本章将介绍 Spark 的单机版安装方法和开发环境配置,采用目前 Spark 最新且稳定的版本。ML 是 Spark 数据处理框架的一个主要组件,其运行必须有 Spark 的支持。本书以讲解和演示 ML 原理和示例为主,在安装上将详细介绍基于 IntelliJ IDEA、在 Windows 10 操作系统上的单机运行环境,这也是 Spark 机器学习和调试的最常见形式,以便更好地帮助读者学习和掌握 Spark 程序编写精髓。

本章学习目标

- Spark 运行模式
- 环境搭建
- Spark 单机版的安装与配置
- 写出第一个 Spark 程序

2.1 Spark 的运行模式概述

目前 Apache Spark 支持三种分布式部署方式,分别是 Standalone、Spark On Mesos 和 Spark On YARN。其中,第一种类似 MapReduce 1.0 所采用的模式,内部实现了容错性和资源管理,后两种则是未来发展的趋势,部分容错性和资源管理交由统一的资源管理系统完成:让 Spark 运行在一个通用的资源管理系统之上,这样可以与其他计算框架,如 MapReduce,共用一个集群资源,其最大的好处是可以降低运维成本和提高资源利用率(资源按需分配)。

1. Standalone 模式

Standalone 模式即独立模式,自带完整的服务,可单独部署到一个集群中,无须依赖任何其他资源管理系统。从一定程度上说,该模式是其他两种模式的基础。借鉴 Spark 开发模式,可以得到一种开发新型计算框架的一般思路:先设计出它的 Standalone 模式,为了快速开发,起初不需要考虑服务(如 Master/Slave)的容错性,之后再开发相应的 Wrapper,将 Standalone 模式下的服务原封不动地部署到资源管理系统 YARN 或者 Mesos 上,由资源管理系统负责服务本身的容错。目前 Spark 在 Standalone 模式下是没有任何单点故障问题的,这是借助 ZooKeeper 实现的,思想类似 HBase Master 单点故障解决方案。

2. Spark On Mesos 模式

这是很多公司采用的模式,官方也推荐这种模式。正是由于 Spark 开发之初就考虑到支持 Mesos,因此,Spark 运行在 Mesos 上会比运行在 YARN 上更加灵活、更加自然。目前在 Spark On Mesos 环境中,用户可选择两种调度模式之一运行自己的应用程序(可参考 Andrew Xia 的 *Mesos Scheduling Mode on Spark*)。

(1)粗粒度模式(Coarse-grained Mode):每个应用程序的运行环境由一个 Dirver 和若干 Executor 组成。其中,每个 Executor 占用若干资源,内部可运行多个 Task(对应多少个 "Slot")。应用程序的各个任务在正式运行之前,需要将运行环境中的资源全部申请好,且运行过程中要一直占用这些资源,即使不用,最后程序运行结束后,会回收这些资源。举个例子,提交应用程序时,指定使用 5 个 Executor 运行应用程序,每个 Executor 占用 5GB 内存和 5 个 CPU,每个 Executor 内部设置了 5 个 Slot,则 Mesos 需要先为 Executor 分配资源并启动它们,之后开始调度任务。另外,在程序运行过程中,Mesos 的 Master 和 Slave 并不知道 Executor 内部各个任务的运行情况,Executor 直接将任务状态通过内部的通信机制汇报给 Driver,从一定程度上可以认为,每个应用程序利用 Mesos 搭建了一个虚拟集群为自己使用。

(2)细粒度模式(Fine-grained Mode):鉴于粗粒度模式会造成大量资源浪费,Spark On Mesos 还提供了细粒度模式。这种模式类似现在的云计算,其思想是按需分配。与粗粒度模式一样,应用程序启动时,先会启动 Executor,但每个 Executor 占用的资源仅是自己运行所需的资源,不需要考虑将来要运行的任务,之后,Mesos 会为每个 Executor 动态分配资源,每分配一些,便可以运行一个新任务,单个任务运行完之后可以马上释放对应的资源。每个任务会汇报状态给 Mesos Slave 和 Mesos Master,便于更加细粒度地管理和容错,这种调度模式类似 MapReduce 调度模式,每个任务完全独立,优点是便于资源控制和隔离,但缺点也很明显,短作业运行延迟大。

3. Spark On YARN 模式

这是一种很有前景的部署模式。但限于 YARN 自身的发展,目前仅支持粗粒度模式。这是由于 YARN 上的 Container 资源是不可以动态伸缩的,一旦 Container 启动,可使用的资源不能再发生变化,不过这个已经在 YARN 计划中了。

Spark On YARN 支持以下两种模式。

(1)yarn-cluster:适用于生产环境。

(2)yarn-client:适用于交互、调试,希望立即看到 App 的输出。

yarn-cluster 和 yarn-client 的区别在于 YARN appMaster,每个 YARN App 实例有一个 appMaster 进程,是为 App 启动的第一个 Container;负责从 ResourceManager 请求资源,获取到资源后,告诉 NodeManager 为其启动 Container。yarn-cluster 和 yarn-client 模

式内部实现还是有很大的区别。如果需要用于生产环境，请选择 yarn-cluster；而如果仅仅是 Debug 程序，可以选择 yarn-client。

这三种分布式部署方式各有利弊，通常需要根据实际情况决定采用哪种方案。进行方案选择时，往往要考虑公司的技术路线（采用 Hadoop 生态系统还是其他生态系统）、相关技术人才储备等。上面涉及 Spark 的许多部署模式，究竟哪种模式更好很难说，需要根据需求判断，如果只是测试 Spark Application，可以不采用分布式部署模式，可以直接采用本地模式。而如果数据量不是很多，Standalone 则是不错的选择。当需要统一管理集群资源（Hadoop、Spark 等）时，那么可以选择 YARN 或者 Mesos，但是这样维护成本就会变高。

为了方便学习 Spark 机器学习程序的开发和调试，本书采用 Spark 单机模式运行程序，下面会详细介绍具体安装过程。

2.2　单机模式下 Spark 环境安装与配置

Windows 10 是目前最常见的操作系统之一，本节将讲解如何在 Windows 10 系统中下载、使用 Spark 单机模式。

2.2.1　Java 8 安装

ML 是 Spark 大数据处理框架中的一个重要组件，广泛应用于各类数据的分析和处理。Scala 是一种基于 JVM 的函数式编程语言，而 Spark 是借助 JVM 运行的一个数据处理框架，因此首先安装 Java。

步骤 01　从 Java 地址下载安装 Java 安装程序，地址为 http://www.oracle.com/technetwork/java/javase/downloads/index.html。单击 Java DownLoad，进入下载页面。这里推荐读者全新安装时使用 Java 8，如图 2-1 所示。

```
Java SE 8

Java SE 8u291 is the latest release for the Java SE 8 Platform.

• Documentation                                    Oracle JDK
• Installation Instructions              ↓  JDK Download
• Release Notes                          ↓  Server JRE Download
• Oracle License                         ↓  JRE Download
    • Binary License                     ↓  Documentation Download
    • Documentation License              ↓  Demos and Samples Download
    • BSD License
• Java SE Licensing Information User Manual
    • Includes Third Party Licenses
• Certified System Configurations
• Readme Files
    • JDK ReadMe
    • JRE ReadMe
```

图 2-1　Java 安装选项

步骤 02 单击 JDK Download 按钮,之后按需求选择 Java 的版本号。为了统一安装,这里全部选择 64 位 Java 安装文件进行下载,如图 2-2 所示。

Solaris SPARC 64-bit (SVR4 package)	133.69 MB	⬇ jdk-8u291-solaris-sparcv9.tar.Z
Solaris SPARC 64-bit	94.74 MB	⬇ jdk-8u291-solaris-sparcv9.tar.gz
Solaris x64 (SVR4 package)	134.48 MB	⬇ jdk-8u291-solaris-x64.tar.Z
Solaris x64	92.56 MB	⬇ jdk-8u291-solaris-x64.tar.gz
Windows x86	155.67 MB	⬇ jdk-8u291-windows-i586.exe
Windows x64	168.67 MB	⬇ jdk-8u291-windows-x64.exe

图 2-2　下载 Java

提示: 为了安装后续的其他语言,统一采用 64 位的安装模式。

步骤 03 双击下载后的文件,在默认路径下安装 Java,如图 2-3 所示,然后静待安装结束即可。笔者采用的是 1.8.151 版本,学习时只要比此版本高即可。

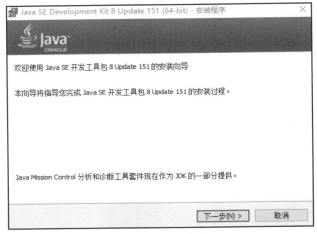

图 2-3　Java 安装过程

步骤 04 安装结束后需要对环境变量进行配置,首先右击"此电脑"选择"属性"选项,在弹出的对话框中单击"高级系统设置"选项,然后单击"高级"标签,单击"环境变量"按钮,在当前用户名下新建 JAVA_HOME 安装路径,即前面 JDK 安装所在的路径,如图 2-4 所示。

步骤 05 PATH 用于设置编译器和解释器路径,在设置好 JAVA_HOME 后,需要设置 PATH 以便 Java 工具能在任何目录下使用,如图 2-5 所示。

步骤 06 对 CLASSPATH 进行配置。注意,在"变量值"(路径)文本框中一定要在开头加上".;"(不包括引号),如图 2-6 所示。

步骤 07 单击 Windows 10"开始"菜单,在"附件"里找到"运行",输入"cmd"命令,如图 2-7 所示。

步骤 08 输入命令后打开控制台界面,在打开的界面中输入"java",如图 2-8 所示。

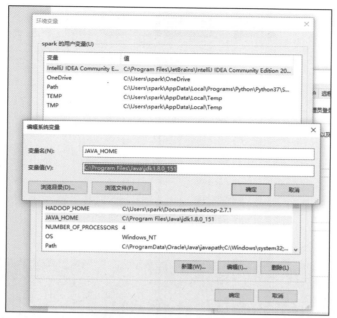

图 2-4 　设置环境变量：JAVA_HOME

图 2-5 　设置环境变量：PATH

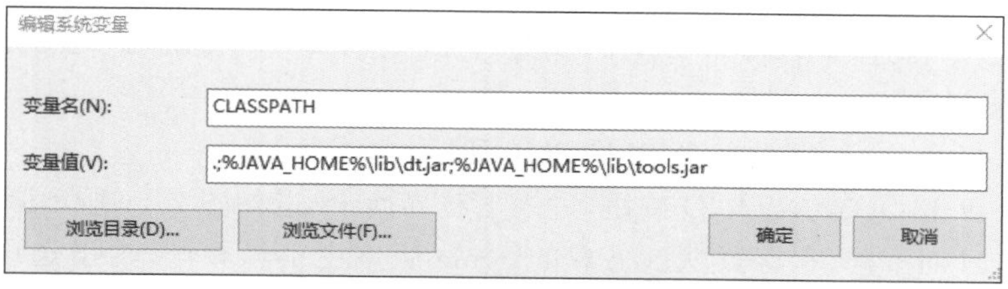

图 2-6 　设置 CLASSPATH 路径

图 2-7　输入"cmd"运行命令

```
命令提示符
Microsoft Windows [版本 10.0.19043.1052]
(c) Microsoft Corporation。保留所有权利。

C:\Users\spark>java
用法: java [-options] class [args...]
           (执行类)
   或  java [-options] -jar jarfile [args...]
           (执行 jar 文件)
其中选项包括:
    -d32          使用 32 位数据模型 (如果可用)
    -d64          使用 64 位数据模型 (如果可用)
    -server       选择 "server" VM
                  默认 VM 是 server.

    -cp <目录和 zip/jar 文件的类搜索路径>
    -classpath <目录和 zip/jar 文件的类搜索路径>
                  用 ; 分隔的目录, JAR 档案
                  和 ZIP 档案列表, 用于搜索类文件。
    -D<名称>=<值>
                  设置系统属性
    -verbose:[class|gc|jni]
                  启用详细输出
    -version      输出产品版本并退出
    -version:<值>
                  警告: 此功能已过时, 将在
                  未来发行版中删除
```

图 2-8　输入"java"运行命令

步骤 09　运行后出现如图 2-9 所示的界面,说明 Java 已经配置好,可以运行 Java 程序了。

```
:\Users\spark>java -version
ava version "1.8.0_151"
ava(TM) SE Runtime Environment (build 1.8.0_151-b12)
ava HotSpot(TM) 64-Bit Server VM (build 25.151-b12, mixed mode)
:\Users\spark>_
```

图 2-9　配置结果

2.2.2　Scala 安装

步骤 01　Scala 的安装比较容易,直接下载相应的编译软件,下载之后双击程序直接安装。Scala 会在安装过程中自行设置。需要下载的版本是 Scala 2.12.10,下载地址为 http://www.scala-lang.org。

步骤 02　打开 Scala 网站首页,如图 2-10 所示。

步骤 03　单击 DOWNLOAD 按钮,进入下载界面,单击如图 2-11 所示圈住的链接。

步骤 04　日期不同,在首页默认下载的 Scala 版本也不尽相同,这里选用的是 2.12.10 版本。单击图 2-11 中的 All downloads 进入版本选择页面,如图 2-12 所示。

图 2-10　Scala 网站首页

图 2-11　Scala 下载页面

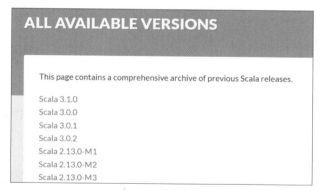

图 2-12　Scala 版本选择

提示：为了更好地与 Spark 3.5 兼容，推荐使用 2.12.10 稳定版。

步骤05　进入 Scala 2.12.10 版本的下载页面，选择 Windows 版本，如图 2-13 所示。等待程序下载完成后，双击进行程序安装。

步骤06　与 Java 安装类似，安装结束后对环境变量进行配置，首先右击"此电脑"选择"属性"菜单，在弹出的对话框中单击"高级系统设置"选项，然后单击"高级"标签，单击"环境变量"按钮。在当前用户名下新建 SCALA_HOME 安装路径，即前面 Scala 安装所在的路径，如图 2-14 所示。

Archive	System	Size
scala-2.12.10.tgz	Mac OS X, Unix, Cygwin	19.71M
scala-2.12.10.msi	Windows (msi installer)	124M
scala-2.12.10.zip	Windows	19.75M
scala-2.12.10.deb	Debian	144.88M
scala-2.12.10.rpm	RPM package	124.52M
scala-docs-2.12.10.txz	API docs	53.21M
scala-docs-2.12.10.zip	API docs	107.63M
scala-sources-2.12.10.tar.gz	Sources	

图 2-13　Scala 2.12.10 下载页面

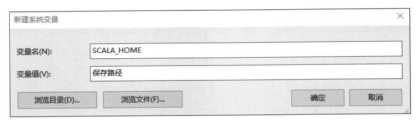

图 2-14　SCALA_HOME 环境变量设置

步骤 07　设置 PATH 变量：找到系统变量下的 PATH 项，单击"编辑"按钮。在"变量值"文本框的最前面添加"％SCALA_HOME％\bin；"，如图 2-15 所示。

图 2-15　PATH 环境变量设置

步骤 08　与前面运行 Java 命令一样，还是通过在"运行"对话框中输入"cmd"命令打开命令控制台。输入"scala"，显示如图 2-16 所示，即可认为 Scala 安装完毕。

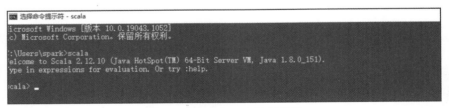

图 2-16　输入"scala"运行结果

2.2.3　IntelliJ IDEA 开发环境安装

IntelliJ IDEA 是常用的 Java 编译器，也可以用来作为 Spark 单机版的调试器。IntelliJ IDEA 有社区免费版和付费版，这里使用免费版即可。

IntelliJ IDEA 的下载地址为 http://www.jetbrains.com/idea/download/，选择右侧的社区免费版下载即可，如图 2-17 所示。

图 2-17　选择社区免费版

双击下载的 IntelliJ IDEA 安装包就会自动进行安装。这里基本没有什么需要特别注意的事项，如果在安装过程中碰到问题，可以自行搜索解决。

2.2.4　Scala 插件的安装

Scala 是一种把面向对象和函数式编程理念加入静态类型语言中的语言，可以把 Scala 应用在很大范围的编程任务上，无论是小脚本还是大系统都可以用 Scala 实现。Scala 运行在标准的 Java 平台上（JVM），可以与所有的 Java 库实现无缝交互。

Spark 的 ML 库是基于 Java 平台的大数据处理框架，因此可以自由选择最方便的语言进行编译处理。Scala 天生具有简洁性和性能上的优势，并且可以在 JVM 上直接使用，使其成为 Spark 官方推荐的首选程序语言。因此，笔者推荐使用 Scala 语言作为 Spark 机器学习的首选语言。

IntelliJ IDEA 本身并没有安装 Scala 编译插件，因此在使用 IntelliJ IDEA 编译 Scala 语言编写的 Spark 机器学习代码之前需要安装 Scala 编译插件，其安装步骤如下。

步骤 01　在桌面上找到已安装的 IntelliJ IDEA 图标，双击打开后等待读取界面（见图 2-18）结束。由于 IntelliJ IDEA 是首次使用，因此之后会进入创建工程选项界面，如图 2-19 所示。

图 2-18　IntelliJ IDEA 最新版读取界面

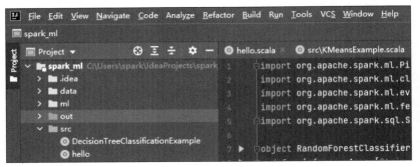

图 2-19　IntelliJ IDEA 使用界面

步骤 02　因为需要使用 Scala 语言编译程序,所以这里建议读者先选择新建工程,验证是否可以使用 Scala 创建工程,如图 2-20 所示。

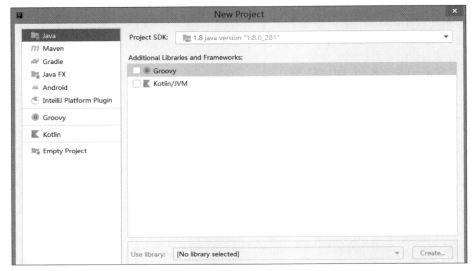

图 2-20　创新工程页面

步骤 03　从图 2-20 可以看到,其中并没有可以建立 Scala 工程的选项。也就是说,如果需要使用 Scala,IntelliJ IDEA 需要进一步配置相应的开发组件。这里单击 File Setting 菜单项打开 Settings 对话框,在左边单击 Plugins 选择插件,会出现如图 2-21 所示的界面(显示当前可以安装的插件)。

步骤 04　显示的插件过多时,可以在 Search 文本框中输入"scala"搜索相应的 Scala 插件,如图 2-22 所示。

步骤 05　找到 Scala 插件后,单击右侧的 Install 按钮,等待一段时间,即可完成安装。如图 2-23 所示是安装好了的界面,Installed 按钮是灰色的。

步骤 06　安装完毕后,在 New Project 选项下有一项新的项目"Scala",如图 2-24 所示。单击该项目,可以创建相关程序。至此,IntelliJ IDEA 的 Scala 插件安装完毕。

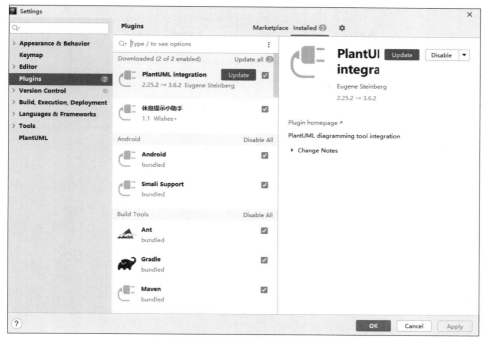

图 2-21　查找插件

图 2-22　查找 Scala 插件

图 2-23　完成安装 Scala 插件

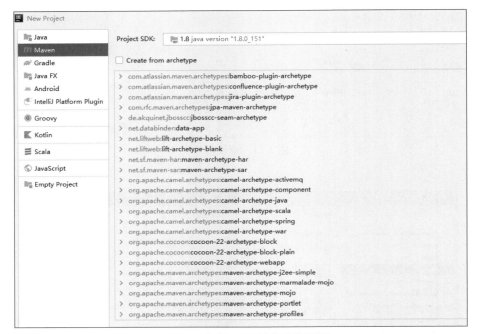

图 2-24　安装 Scala 插件后的页面

2.2.5　编写 Java 程序

前面已经成功安装了 Java、Scala 以及通用编译器 IntelliJ IDEA，下面带领读者正式使用 IntelliJ IDEA 创建 Java 与 Scala 的 HelloWorld 小程序。

步骤 01　单击桌面上的 IntelliJ IDEA 标记，打开 IntelliJ IDEA 软件。这里建议读者先新建工程，单击新建工程对应项后，操作界面如图 2-25 所示。

步骤 02　这里首先创建的是 Java 程序，因此在如图 2-25 所示的对话框左侧列表中选择 Java 选项，右侧列表中勾选 Kotlin/JVM 复选框。

提示：最上方的 SDK 选项为空，因此需要在下一步之前设定。SDK 是 Java 语言的编译开发工具包，需要设定安装的 JDK 地址。这里填写 2.2.1 节中安装 Java 时使用的地址。

步骤 03　单击 Project SDK 下拉列表，在弹出的菜单项中选择 Add JDK，按操作提示

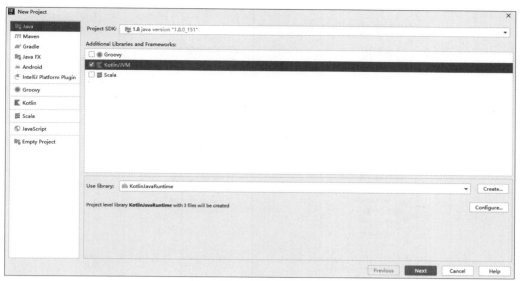

图 2-25　创建新工程页面

选择 Java JDK 安装目录，结果如图 2-26 所示。

IDE 已经自动认出 Java 的版本号（见图 2-27），此时可以使用 IntelliJ IDEA 创建一个 Java 程序。

图 2-26　选择 SDK 安装目录

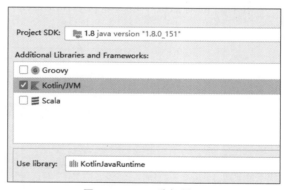

图 2-27　SDK 选择界面

步骤 04　单击 Next 按钮后，给创建的文件起一个名字（见图 2-28），然后单击 Finish 按钮，即可创建程序文件。

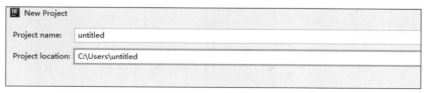

图 2-28　文件名创建界面

步骤 05　在 IDEA 界面左侧，右击项目名下的 src 目录，弹出快捷菜单，单击 New | Java Class 菜单项，如图 2-29 所示。

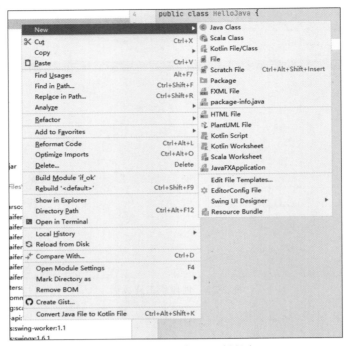

图 2-29　创建一个 Java 新程序

在打开的对话框中填写名称"HelloJava",如图 2-30 所示,单击 OK 按钮后创建一个新的 Java 程序。

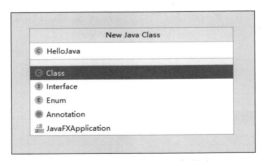

图 2-30　创建一个 Java 新程序

步骤 06　在 IDEA 弹出的界面右侧补充代码,如程序 2-1 所示。

程序 2-1　HelloJava

```
public class HelloJava {
  public static void main(String[] args){
    System.out.print("helloJava");
  }
}
```

右击文件,在弹出的菜单中选择 Run 'HelloJava.main()'运行此程序,结果如图 2-31 所示。

这里使用 Java 语言创建了一个新的 Java Class 文件,用于对程序进行编写与编译。虽

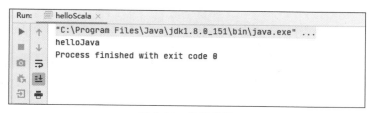

图 2-31　运行效果

然在后续的学习中,Java 语言并不是作为本书 Spark 的主要程序设计语言,但对于 Spark 来说,Java 语言仍旧是一个非常重要的语言基础,有无可替代的作用。

2.2.6　编写 Scala 程序

本节将继续使用 IntelliJ IDEA 编译器编译 Scala 程序,这是本书重要的基础内容。

步骤 01　单击 IDE 主界面上的 File 标签,新建一个工程,如图 2-32 所示。

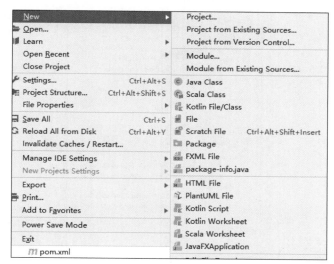

图 2-32　新建一个工程

步骤 02　进入工作界面,这里有两种可以新建 Scala 程序的方式,推荐使用第二种方式,即使用如图 2-33 所示的左边框中的 Scala 选项和右边的 IDEA 程序。

步骤 03　单击 Finish 按钮后,进入存放位置设置和 Scala 编译器设置的页面(见图 2-34),这里选择输入 2.2.2 节中安装的 Scala 目录地址。

这里已经在 2.2.2 节中安装过 Scala,因此直接选择查找已安装的 SDK 即可。有需要的话也可以直接单击 Download 按钮,下载不同版本的 Scala 语言。

新建项目,如图 2-35 所示。

这里使用了两个编译器,分别是 Java 和 Scala 的 SDK。对于 Scala 来说,其实质也是运行在 Java 虚拟机上的一种编译语言,需要获得 JDK 的支持。

提示：Scala 文件夹的位置最好不要与 2.2.5 节中 Java 文件存放的位置相同,以免在编译时产生错误。单击 Finish 按钮后,静待 IDEA 完成后续的创建工作。

步骤 04　右击左侧列表中的 src 列表项新建文件,如图 2-36 所示。需要注意的是,这

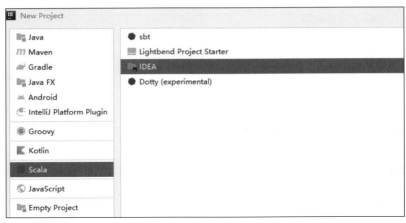

图 2-33　创建 Scala 新工程页面

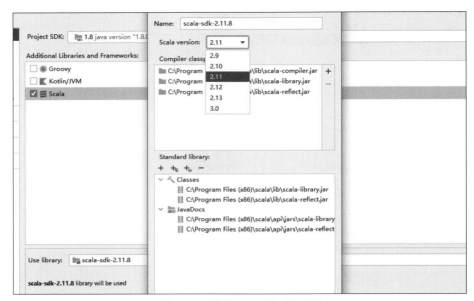

图 2-34　创建 Scala 新工程页面

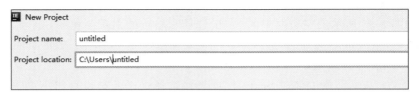

图 2-35　新建项目

里要新建一个 Scala Class 文件。

在弹出的对话框中输入 Scala 文件名,单击 OK 按钮即可创建一个空的 Scala 程序。需要注意的是,类型必须为 Object 而非 Class,如图 2-37 所示。这一点和 Java 程序不同。

程序 2-2　**helloScala**

```
Object helloScala {
```

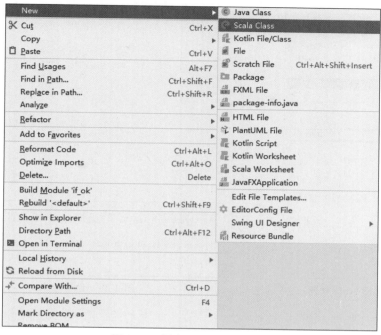

图 2-36　新建 Scala Class 文件

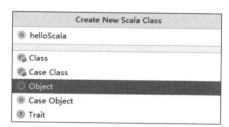

图 2-37　创建新的 Scala 程序

```
def main(args: Array[String]): Unit = {
    print("helloScala")
  }
}
```

步骤 05　与 Java 编译时类似，右击文件名 helloScala，在弹出的快捷菜单中选择 Run 'helloScala'命令，如图 2-38 所示。

最终运行结果如图 2-39 所示。

2.2.7　Spark 3.5 单机版安装

本节通过 Windows 10 系统模拟了一个 Spark 运行环境，从而使得读者学习 Spark 机器学习更加方便、简单。

步骤 01　Spark 单机版安装首先需要下载 Spark 预编译版本，网站地址为 http:// spark.apache.org/。单击网页左边的 标签进入下载页面，如图 2-40 所示。

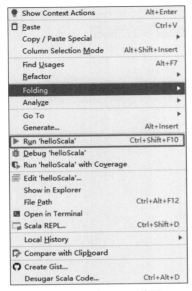

图 2-38 运行 Scala 代码

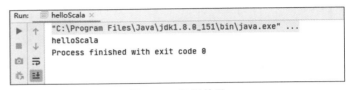

图 2-39 运行效果

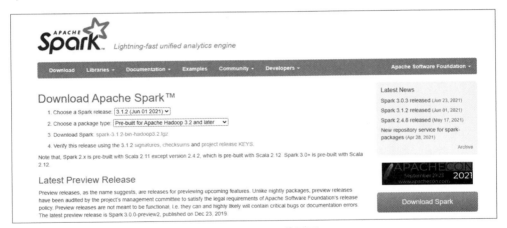

图 2-40 Spark 下载页面

步骤 02 选择 Spark 的下载版本,因为笔者将在 Windows 10 上虚拟出一个 Spark 的运行环境,因此建议读者下载安装 Spark 3.5.1 的预编译版本。这里选用的是 Spark 3.5 版本的文件,所以推荐读者也使用 Spark 3.5 版本,如图 2-41 所示。

图 2-41 选择 Spark 下载版本

步骤 03 下载后的文件是 tgz 格式的压缩文件。可能有读者使用 Linux 初步学习过 Spark,但是单机版本的 Spark 与 Linux 不同,此时下载的 tgz 文件不要安装,直接使用

WinRAR 软件或者 Bandizip 软件解压打开即可。

在压缩包文件中,所有的 jars 包是 Spark 的核心文件,也是其运行和计算的主体,如图 2-42 所示。

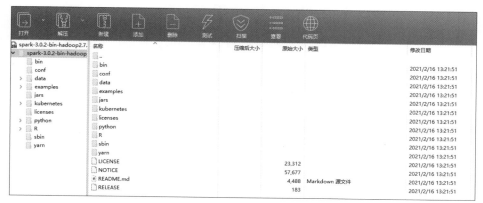

图 2-42 下载的 Spark 预编译

步骤 04 要在 IntelliJ IDEA 上运行 Spark 项目,就必须把里面的 jars 包都加入 Project Structure 的 Libraries 中。

单击 IntelliJ IDEA 菜单栏上的 File 选项,选择 Project Structure,在弹出的对话框中单击左侧的 Libraries 选项,之后单击中部上方的＋按钮,选择 Java 文件,添加刚才下载的 jars 包文件,如图 2-43 所示。

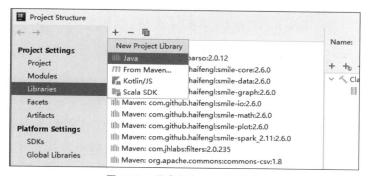

图 2-43 准备添加 jars 包文件

步骤 05 添加后的 lib 文件库,如图 2-44 所示。

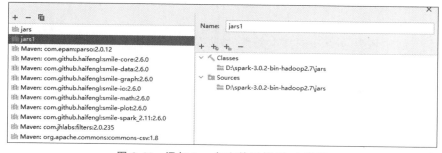

图 2-44 添加 jars 包文件后的 lib 文件库

返回主界面,打开左边工程栏下的工程扩展文件库,也可以看到 Spark 核心文件已经被安装,如图 2-45 所示。

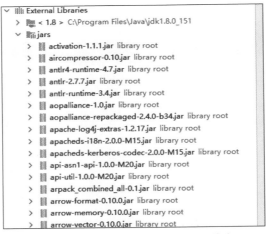

图 2-45　主界面工程栏下的 lib 文件库

2.3　wordCount 实例

2.2 节成功安装完 Spark 3.5 单机版,下面开始 ML 的学习,这是学习 Spark 的第一步。

2.3.1　Spark 3.5 实现 wordCount

经典的 wordCount(统计文章中的词频)是 MapReduce 入门必看的例子,可以称为分布式框架的 Hello World,也是大数据处理人员必须掌握的入门技能;考察对基本 Spark 语法的运用,还是一个简单的自然语言处理程序。源代码可参照 Spark 官网的 wordCount 中的示例代码,实现了文本文件的单词计数功能,单词之间按照空格来区分,形式如图 2-46 所示。

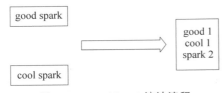

图 2-46　wordCount 统计流程

首先是数据的准备工作。这里简化起见,采用小数据集(本书将以小数据为主,演示 Spark 机器学习的使用和原理)。

在 C 盘下创建名为 wc.txt 的文本文件(数据位置://DATA//D02//wc.txt),文件名也可以自行设置,内容如下。

```
good bad cool
hadoop spark mllib
good spark mllib
cool spark bad
```

这是需要计数的数据内容,我们需要计算出文章中某个单词或某个字出现的次数,

Spark 代码如程序 2-3 所示。

程序 2-3   wordCount.scala

```scala
import org.apache.spark.sql.{DataFrame, Dataset, SparkSession}
object wordCount {
  def main(args: Array[String]): Unit = {
    val spark = SparkSession          //创建 Spark 会话
        .builder
        .master("local")             //设置本地模式
        .appName("wordCount")        //设置会话名称
        .getOrCreate()               //创建会话变量
    val data = spark.read.text("wc.txt")   //读取文件为 DataFrame 格式
    implicit val encoder=org.apache.spark.sql.Encoders.STRING
      data.as[String].rdd.flatMap(_.split(" ")).map((_, 1)).reduceByKey(_+_).
      collect().foreach(println)
    //word 计数
  }
}
```

下面对程序进行分析。

（1）首先创建一个 SparkSession()，目的是创建一个会话变量实例，告诉系统开始 Spark 计算。之后的 master("local")启动本地化运算，appName("wordCount")设置本程序名称。

（2）getOrCreate()的作用是创建环境变量实例，准备开始任务。

（3）spark.read.text("c://wc.txt")的作用是读取文件。顺便提一下，此时的文件读取是按照正常顺序读取，本书后面章节会介绍如何读取特定格式的文件。这种形式读出来的格式为 Spark DataFrame，并非之前的 RDD 形式。

（4）flatMap()是 Scala 中提取相关数据按行处理的一个方法。在_.split(" ")中，_是一个占位符，代表传送进来的任意一个数据，对其按" "分隔。map((_, 1))对每个字符进行计数，在这个过程中并不涉及合并和计算，只是单纯地将每个数据行中的单词加 1。最后的 reduceByKey()方法对传递进来的数据按 key 值相加，最终形成 wordCount 计算结果。

目前程序流程如图 2-47 所示。

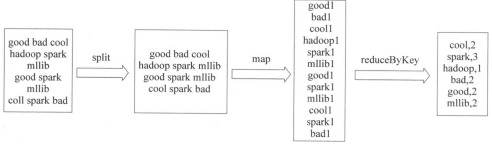

图 2-47   wordCount 流程图

（5）collect()启动程序。因为 Spark 编程的优化，很多方法在计算过程中属于 lazy 模式，操作是延迟计算的，需要等到有 Action 操作时，才会真正触发运算，所以需要一个显性启动支持。foreach(println)是打印的一个调用方法,打印出数据内容。

具体打印结果如下。

```
(cool,2)
(spark,3)
(hadoop,1)
(bad,2)
(good,2)
(mllib,2)
```

2.3.2　MapReduce 实现 wordCount

可以与 Spark 对比的是 MapReduce 中 wordCount 程序的设计,如程序 2-4 所示。笔者只是为了做对比,如果有读者想深入学习 MapReduce 程序设计,请参考相关的专业图书。

程序 **2-4**　**MapReduce 中 wordCount 程序的设计**

```java
import java.io.IOException;
import java.util.Iterator;
import java.util.StringTokenizer;
import org.apache.hadoop.fs.Path;
import org.apache.hadoop.io.IntWritable;
import org.apache.hadoop.io.LongWritable;
import org.apache.hadoop.io.Text;
import org.apache.hadoop.mapred.FileInputFormat;
import org.apache.hadoop.mapred.FileOutputFormat;
import org.apache.hadoop.mapred.JobClient;
import org.apache.hadoop.mapred.JobConf;
import org.apache.hadoop.mapred.MapReduceBase;
import org.apache.hadoop.mapred.Mapper;
import org.apache.hadoop.mapred.OutputCollector;
import org.apache.hadoop.mapred.Reducer;
import org.apache.hadoop.mapred.Reporter;
import org.apache.hadoop.mapred.TextInputFormat;
import org.apache.hadoop.mapred.TextOutputFormat;

public class wordCount {

  public static class Map extends MapReduceBase implements
    //创建固定 Map 格式
    Mapper<LongWritable, Text, Text, IntWritable>{
    //创建数据 1 格式
    private final static IntWritable one =new IntWritable(1);
    //设定输入格式
    private Text word =new Text();
    //开始 Map 程序
    public void map(LongWritable key, Text value,
        OutputCollector<Text, IntWritable>output, Reporter reporter)
        throws IOException {
```

```
        //将传入值定义为 line
        String line =value.toString();
        //格式化传入值
        StringTokenizer tokenizer =new StringTokenizer(line);
        //开始迭代计算
        while (tokenizer.hasMoreTokens()) {
        //设置输入值
        word.set(tokenizer.nextToken());
        //写入输出值
            output.collect(word, one);
        }
    }
}


  public static class Reduce extends MapReduceBase implements
        //创建固定 Reduce 格式
    Reducer<Text, IntWritable, Text, IntWritable>{
        //开始 Reduce 程序
    public void reduce(Text key, Iterator<IntWritable>values,
            OutputCollector<Text, IntWritable>output, Reporter reporter)
            throws IOException {
        //初始化计算器
        int sum =0;
        //开始迭代计算输入值

        while (values.hasNext()) {
            sum +=values.next().get();                 //计数器计算
        }
        //创建输出结果
        output.collect(key, new IntWritable(sum));
    }
}
//开始主程序
public static void main(String[] args) throws Exception {
    //设置主程序
    JobConf conf =new JobConf(wordCount.class);
    //设置主程序名
    conf.setJobName("wordcount");
    //设置输出 Key 格式
    conf.setOutputKeyClass(Text.class);
    //设置输出 Value 格式
    conf.setOutputValueClass(IntWritable.class);
    //设置主 Map
    conf.setMapperClass(Map.class);
    //设置第一次 Reduce 方法
    conf.setCombinerClass(Reduce.class);
    //设置主 Reduce 方法
    conf.setReducerClass(Reduce.class);
    //设置输入格式
    conf.setInputFormat(TextInputFormat.class);
```

```
        //设置输出格式
        conf.setOutputFormat(TextOutputFormat.class);
        //设置输入文件路径
        FileInputFormat.setInputPaths(conf, new Path(args[0]));
        //设置输出路径

        FileOutputFormat.setOutputPath(conf, new Path(args[1]));
        //开始主程序
        JobClient.runJob(conf);
    }
}
```

Scala 于 2001 年由瑞士洛桑联邦理工学院（EPFL）编程方法实验室研发，由 Martin Odersky（马丁·奥德斯基）创建。Spark 采用 Scala 程序设计，能够简化程序编写的过程与步骤，同时在后端对编译后的文件有较好的优化，更容易表达思路。这些都是目前使用 Java 语言所欠缺的。

实际上，Scala 在使用中主要进行整体化考虑，而非 Java 的面向对象的思考方法，这一点请读者注意。

 小结

IntelliJ IDEA 是目前常用的 Java 和 Scala 程序设计以及框架处理软件，拥有较好的自动架构、辅助编码和智能控制等功能，有取代 Eclipse 的趋势。

在 Windows 上对 Spark 进行操作解决了大部分学习人员欠缺大数据运行环境的烦恼，便于操作和研究基本算法，这对真实使用大数据集群进行数据处理有很大的帮助。在后面的章节中，笔者将着重介绍基于 Windows 单机环境下 Spark 的数据处理方法。这种在单机环境下相应程序的编写与集群环境下运行时的程序编写基本相同，部分程序稍作修改即可运行在集群中。

本章介绍了如何安装和上手运行一个 Spark 3.5 的程序，第 4 章将详解 Spark 3.5 ML 包的主要使用格式 DataFrame。

第3章 Scala编程基础

本章将在第2章搭建的开发环境基础上,详细讲解 Scala 的语法,包括基础语法、函数、控制语句、函数式编程、模式匹配、类和对象、Scala 异常处理、Trait(特征)、Scala 的 I/O。

夯实编程基础,为本书后续机器学习算法奠定编程基础。

本章学习目标

- Scala 基础语法
- Scala 函数与控制语句
- Scala 面向对象与 Trait 特性
- 异常处理与 I/O 流

3.1 基础语法

如果之前学过 Java 语言,并了解 Java 语言的基础知识,那么能很快学会 Scala 的基础语法。Scala 与 Java 之间有一些小的区别,如 Scala 语句末尾的分号";"是可选的。可以认为 Scala 程序是对象的集合,通过调用彼此的方法来实现消息传递。下面会详细介绍 Scala 编程语言的基础语法和编程常识。

1. 注释

```
//单行注释开始于两个斜杠
/*
 * 多行注释,如之前所见,看起来像这样
 */
```

2. 打印

```
//打印并强制换行
```

```
println("Hello world!")
println(10)
```

//没有强制换行的打印

```
print("Hello world")
```

3. 变量

// 通过 var 或者 val 来声明变量

// val 声明是不可变的,var 声明是可修改的。不可变性是好事

```
val x =10          //x 现在是 10
x =20              //错误：对 val 声明的变量重新赋值
var y =10
y =20              //y 现在是 20
```

4. 数据类型

Scala 与 Java 有着相同的数据类型,下面列出了 Scala 支持的数据类型,如图 3-1 所示。

数据类型	描述
Byte	8位有符号补码整数。数值区间为 −128 ~ 127
Short	16位有符号补码整数。数值区间为 −32768 ~ 32767
Int	32位有符号补码整数。数值区间为 −2147483648 ~ 2147483647
Long	64位有符号补码整数。数值区间为 −9223372036854775808 ~ 9223372036854775807
Float	32位IEEE754单精度浮点数
Double	64位IEEE754单精度浮点数
Char	16位无符号Unicode字符, 区间值为 U+0000 ~ U+FFFF
String	字符序列
Boolean	true或false
Unit	表示无值, 和其他语言中void等同。用作不返回任何结果的方法的结果类型。Unit只有一个实例值, 写成()
Null	null 或空引用
Nothing	Nothing类型在Scala的类层级的最低端；它是任何其他类型的子类型
Any	Any是所有其他类的超类
AnyRef	AnyRef类是Scala里所有引用类(reference class)的基类

图 3-1 Scala 支持的数据类型

Scala 数据类型设置样例：

```
val z: Int =10
val a: Double =1.0
```

注意从 Int 到 Double 的自动转型,结果是 10.0,不是 10。

```
val b: Double =10.0
```

布尔值:

```
true
False
```

布尔操作:

```
!true            // false
!false           // true
true ==false     // false
10 >5            // true
```

5. 运算符

数学运算:

```
1 +1            // 2
2 - 1           // 1
5 * 3           // 15
6 / 2           // 3
6 / 4           // 1
6.0 / 4         // 1.5
```

6. 字符串

```
"Scala strings are surrounded by double quotes"
'a' // Scala 的字符
'不存在单引号字符串' //<=这会导致错误
```

String 有常见的 Java 字符串方法:

```
"hello world".length
"hello world".substring(2, 6)
"hello world".replace("C", "3")
```

也有一些额外的 Scala 方法:

```
"hello world".take(5)
"hello world".drop(5)
```

字符串改写,留意前缀"s":

```
val n =45
s"We have $n apples" // =>"We have 45 apples"
```

在要改写的字符串中使用表达式也是可以的:

```
val a =Array(11, 9, 6)
s"My second daughter is ${a(0) - a(2)} years old." // => "My second daughter is 5
years old."
```

```
s"We have double the amount of ${n / 2.0} in apples." // =>"We have double the
amount of 22.5 in apples."
s"Power of 2: ${math.pow(2, 2)}" // =>"Power of 2: 4"
```

添加 "f" 前缀对要改写的字符串进行格式化：

```
f"Power of 5: ${math.pow(5, 2)}%1.0f" // "Power of 5: 25"
f"Square root of 122: ${math.sqrt(122)}%1.4f" // "Square root of 122: 11.0454"
```

未处理的字符串，忽略特殊字符：

```
raw"New line feed: \n. Carriage return: \r." // =>"New line feed: \n. Carriage
return: \r."
```

一些字符需要转义，如字符串中的双引号：

```
"They stood outside the \"Rose and Crown\"" // =>"They stood outside the "Rose and
Crown""
```

三个双引号可以使字符串占多行，并包含引号：

```
val html ="""<form id="daform">
<p>Press belo', Joe</p>
<input type="submit">
</form>"""
```

3.2 函数

函数是一组一起执行一个任务的语句，可以把代码划分到不同的函数中。如何划分代码到不同的函数中是由自己来决定的，但在逻辑上，划分通常是根据每个函数执行一个特定的任务进行的。

Scala 有函数和方法，二者在语义上的区别很小。Scala 方法是类的一部分，而函数是一个对象，可以赋值给一个变量。换句话来说，在类中定义的函数即是方法。

我们可以在任何地方定义函数，甚至可以在函数内定义函数（内嵌函数），更重要的一点是 Scala 函数名可以有以下特殊字符：＋、＋＋、～、＆、－、－－ 、\、/、:等。

1. 函数声明

Scala 函数声明格式如下。

```
def functionName ([参数列表]) : [return type]
```

如果不写等于号和方法主体，那么方法会被隐式声明为"抽象（abstract）"，于是包含它的类型也是一个抽象类型。

2. 函数定义

函数定义由一个 def 关键字开始，紧接着是可选的参数列表，一个冒号"："和函数的返回类型，一个等于号"＝"，最后是函数的主体。

Scala 函数定义格式如下。

```
def functionName ([参数列表]) : [return type] = {
    function body
    return [expr]
}
```

以上代码中，return type 可以是任意合法的 Scala 数据类型。参数列表中的参数可以使用逗号分隔。

以下函数的功能是将两个传入的参数相加并求和。

```
object add{
    def addInt( a:Int, b:Int ) : Int = {
        var sum:Int = 0
        sum = a + b
        return sum
    }
}
```

如果函数没有返回值，可以返回为 Unit，这类似 Java 中的 void，实例如下。

```
object Hello{
    def printMe( ) : Unit = {
        println("Hello, Scala!")
    }
}
```

3. 函数调用

Scala 提供了多种不同的函数调用方式。

以下是调用方法的标准格式。

```
functionName( 参数列表 )
```

如果函数使用了实例的对象来调用，可以使用类似 Java 的格式（使用"."号）：

```
[instance.]functionName( 参数列表 )
```

以下实例演示了定义与调用函数的实例。

程序 3-1　TestFunc.scala

```
object TestFunc {
    def main(args: Array[String]) {
        println( "Returned Value : " + addInt(5,7) );
    }
    def addInt( a:Int, b:Int ) : Int = {
        var sum:Int = 0
        sum = a + b
        return sum
    }
}
```

执行以上代码,输出结果为

```
Returned Value : 12
```

3.3 控制语句

1. 控制语句变量使用

Scala 对点和括号的要求非常宽松,注意其规则是不同的。这有助于写出读起来像英语的 DSL(领域特定语言)和 API(应用编程接口)。

```
1 to 5
val r =1 to 5
r.foreach( println )
r foreach println
```

执行以上代码,输出结果为

```
1,2,3,4,5,1
2
3
4
5
```

```
(5 to 1 by -1) foreach ( println )
```

执行以上代码,输出结果为

```
5,4,3,2,1,
```

2. while 循环

运行一系列语句,如果条件为 true,会重复运行,直到条件变为 false。
程序 3-2　TestWhile.scala

```
var i =0
while (i <10) { println("i " +i); i+=1 }
```

执行以上代码,输出结果为

```
i 0
i 1
i 2
i 3
i 4
i 5
i 6
i 7
i 8
i 9
```

3. do while 循环

类似 while 语句,区别在于判断循环条件之前,先执行一次循环的代码块。

程序 3-3   TestDoWhile.scala

```
var x =0;
do {
    println(x +" is still less than 10");
    x +=1
} while (x <10)
```

执行以上代码,输出结果为

```
0 is still less than 10
1 is still less than 10
2 is still less than 10
3 is still less than 10
4 is still less than 10
5 is still less than 10
6 is still less than 10
7 is still less than 10
8 is still less than 10
9 is still less than 10
```

4. for 循环

for 循环允许编写一个执行指定次数的循环控制结构。测试代码如程序 3-4 所示。

程序 3-4   TestFor.scala

```
def main(args: Array[String]) {
    var a =0;
    //for 循环
    for( a <-1 to 10){
        println( "Value of a: " +a );
    }
}
```

执行以上代码,输出结果为

```
value of a: 1
value of a: 2
value of a: 3
value of a: 4
value of a: 5
value of a: 6
value of a: 7
value of a: 8
value of a: 9
value of a: 10
```

5. 条件语句

Scala IF…ELSE 语句是通过一条或多条语句的执行结果(True 或 False)来决定执行

的代码块。

```
val x =10
if (x ==1) println("yeah")
if (x ==10) println("yeah")
if (x ==11) println("yeah")
if (x ==11) println ("yeah") else println("nay")
println(if (x ==10) "yeah" else "nope")
val text =if (x ==10) "yeah" else "nope"
```

执行以上代码,输出结果为

```
yeah
nay
yeah
```

6. break 语句

Scala 语言中默认没有 break 语句,但在 Scala 2.8 版本后可以使用另外一种方式来实现 break 语句。当在循环中使用 break 语句,在执行到该语句时,就会中断循环并执行循环体之后的代码块。

Scala 中 break 的语法有点不一样,格式如下。

```
//导入以下包
import scala.util.control._

//创建 Breaks 对象
val loop =new Breaks;

//在 breakable 中循环
loop.breakable{
    //循环
    for(…){
        …
        //循环中断
        loop.break;
    }
}
```

实例:

程序 3-5   TestBreak.scala

```
import scala.util.control._

object TestBreak {
    def main(args: Array[String]) {
        var a =0;
        val numList =List(1,2,3,4,5,6,7,8,9,10);

        val loop =new Breaks;
```

```
        loop.breakable {
            for( a <- numList) {
                println( "Value of a: " + a );
                if( a == 4 ) {
                    loop.break;
                }
            }
        }
        println( "After the loop" );
    }
}
```

执行以上代码,输出结果为

```
Value of a: 1
Value of a: 2
Value of a: 3
Value of a: 4
After the loop
```

3.4　函数式编程

1. Array（数组）

Scala 数组声明的语法格式:

```
var z:Array[String] = new Array[String](3)
或
var z = new Array[String](3)
```

数组的元素类型和数组的大小都是确定的,所以当处理数组元素时,通常使用基本的 for 循环。

以下实例演示了数组的创建、初始化等处理过程。

程序 3-6　**TestArray1.scala**

```
object TestArray1 {
    def main(args: Array[String]) {
        var myList = Array(1.9, 2.9, 3.4, 3.5)

        //输出所有数组元素
        for ( x <- myList ) {
            println( x )
        }

        //计算数组所有元素的总和
        var total = 0.0;
        for ( i <- 0 to (myList.length - 1)) {
```

```
                total +=myList(i);
        }
        println("总和为 " +total);

        //查找数组中的最大元素
        var max =myList(0);
        for ( i <-1 to (myList.length -1) ) {
            if (myList(i) >max) max =myList(i);
        }
        println("最大值为 " +max);

    }
}
```

执行以上代码,输出结果为

```
1.9
2.9
3.4
3.5
总和为 11.7
最大值为 3.5
```

2. List(列表)

List 的特征是其元素以线性方式存储,集合中可以存放重复对象。

以下列出了多种类型的列表。

```
//字符串列表
val site: List[String] =List("mrchi 的博客", "Google", "Baidu")

//整型列表
val nums: List[Int] =List(1, 2, 3, 4)

//空列表
val empty: List[Nothing] =List()

//二维列表
val dim: List[List[Int]] =
    List(
        List(1, 0, 0),
        List(0, 1, 0),
        List(0, 0, 1)
    )
```

对于 Scala 列表的任何操作,都可以使用 head、tail、isEmpty 三个基本操作表达,实例如下。

程序 3-7　TestList.scala

```
object TestList {
    def main(args: Array[String]) {
```

```
            val site ="mrchi 的博客" :: ("Google" :: ("Baidu" :: Nil))
            val nums =Nil

            println( "第一网站是 : " +site.head )
            println( "最后一个网站是 : " +site.tail )
            println( "查看列表 site 是否为空 : " +site.isEmpty )
            println( "查看 nums 是否为空 : " +nums.isEmpty )
        }
    }
```

执行以上代码,输出结果为

```
第一网站是 : mrchi 的博客
最后一个网站是 : List(Google, Baidu)
查看列表 site 是否为空 : false
查看 nums 是否为空 : true
```

3. Set（集合）

Set 是最简单的一种集合。集合中的对象不按特定的方式排序,并且没有重复对象。

对于 Scala 集合的任何操作都可以使用 head、tail、isEmpty 三个基本操作表达,实例如下。

程序 3-8　TestSet.scala

```
object TestSet {
    def main(args: Array[String]) {
        val site =Set("mrchi 的博客", "Google", "Baidu")
        val nums: Set[Int] =Set()

        println( "第一网站是 : " +site.head )
        println( "最后一个网站是 : " +site.tail )
        println( "查看列表 site 是否为空 : " +site.isEmpty )
        println( "查看 nums 是否为空 : " +nums.isEmpty )
    }
}
```

执行以上代码,输出结果为

```
第一网站是 : mrchi 的博客
最后一个网站是 : Set(Google, Baidu)
查看列表 site 是否为空 : false
查看 nums 是否为空 : true
```

4. Map（映射）

Map 是一种把键对象和值对象映射的集合,它的每个元素都包含一对键对象和值对象。

以下实例演示了 keys、values、isEmpty 三个方法的基本应用。

程序 3-9　TestMap.scala

```
object TestMap {
    def main(args: Array[String]) {
```

```
val colors =Map("red" ->"#FF0000",
                "azure" ->"#F0FFFF",
                "peru" ->"#CD853F")

val nums: Map[Int, Int] =Map()

println( "colors 中的键为 : " +colors.keys )
println( "colors 中的值为 : " +colors.values )
println( "检测 colors 是否为空 : " +colors.isEmpty )
println( "检测 nums 是否为空 : " +nums.isEmpty )
    }
}
```

执行以上代码,输出结果为

```
colors 中的键为 : Set(red, azure, peru)
colors 中的值为 : MapLike(#FF0000, #F0FFFF, #CD853F)
检测 colors 是否为空 : false
检测 nums 是否为空 : true
```

5. 元组

元组是不同类型的值的集合。

与列表一样,元组也是不可变的,但与列表不同的是,元组可以包含不同类型的元素。

元组的值是通过将单个的值包含在圆括号中构成的。例如:

```
val t =(1, 3.14, "Fred")
```

以上实例在元组中定义了三个元素,对应的类型分别为[Int, Double, java.lang. String]。

此外,也可以使用以下方式来定义。

```
val t =new Tuple3(1, 3.14, "Fred")
```

可以使用 t._1 访问第一个元素,t._2 访问第二个元素等,如下例所示。

程序 3-10   **TestTuple.scala**

```
object TestTuple {
    def main(args: Array[String]) {
        val t =(4,3,2,1)

        val sum =t._1 +t._2 +t._3 +t._4

        println( "元素之和为: " +sum )
    }
}
```

执行以上代码,输出结果为

```
元素之和为: 10
```

6. Option

Option[T]表示有可能包含值的容器,也可能不包含值。Scala Iterator(迭代器)不是一个容器,更确切地说是逐一访问容器内元素的方法。Scala Option(选项)类型用来表示一个值是可选的(有值或无值)。

Option[T]是一个类型为 T 的可选值的容器:如果值存在,Option[T]就是一个 Some[T];如果不存在,Option[T] 就是对象 None。

接下来看一段代码:

```
// 虽然 Scala 可以不定义变量的类型,不过为了清楚些,作者还是
// 把它显式地定义上了

val myMap: Map[String, String] =Map("key1" ->"value")
val value1: Option[String] =myMap.get("key1")
val value2: Option[String] =myMap.get("key2")

println(value1)    //Some("value1")
println(value2)    //None
```

在上面的代码中,myMap 是一个 Key 的类型是 String,Value 的类型是 String 的 Hash Map,但不一样的是它的 get() 返回的是一个叫作 Option[String] 的类别。

Scala 使用 Option[String] 来告诉你:"我会想办法回传一个 String,但也可能没有 String 给你"。

myMap 里并没有 key2 这个数据,因此 get() 方法返回 None。

Option 有两个子类别,一个是 Some,另一个是 None,当它回传 Some 的时候,代表这个函数成功地给了你一个 String,而你可以通过 get() 这个函数拿到那个 String;如果它返回的是 None,则代表没有字符串可以给你。

另一个实例:

```
object Test {
    def main(args: Array[String]) {
        val sites =Map("余辉" ->"mrchi 的博客", "google" ->"www.google.com")

        println("sites.get( \"余辉\" ) : " +sites.get( "余辉"))
//Some(www.runoob.com)

        println("sites.get( \"baidu\" ) : " +sites.get( "baidu"))          //None
    }
}
```

执行以上代码,输出结果为

```
sites.get( "runoob" ) : Some(mrchi 的博客)
sites.get( "baidu" ) : None
```

也可以通过模式匹配来输出匹配值,实例如下。

```
object Test {
    def main(args: Array[String]) {
```

```
        val sites =Map("余辉" ->"mrchi 的博客", "google" ->"www.google.com")

        println("show(sites.get( \"余辉\")) : " +
                                        show(sites.get( "余辉")) )
        println("show(sites.get( \"baidu\")) : " +
                                        show(sites.get( "baidu")) )
    }

    def show(x: Option[String]) =x match {
        case Some(s) =>s
        case None =>"?"
    }
}
```

执行以上代码,输出结果为

```
show(sites.get( "余辉")) : mrchi 的博客
show(sites.get( "baidu")) : ?
```

3.5　模式匹配

Scala 提供了强大的模式匹配机制,应用也非常广泛。

一个模式匹配包含一系列备选项,每个都开始于关键字 case。每个备选项都包含一个模式以及一到多个表达式。箭头符号=>分隔开了模式和表达式。

以下是一个简单的整型值模式匹配实例。

```
object Test {
    def main(args: Array[String]) {
        println(matchTest(3))

    }
    def matchTest(x: Int): String =x match {
        case 1 =>"one"
        case 2 =>"two"
        case _ =>"many"
    }
}
```

执行以上代码,输出结果为

```
many
```

match 对应 Java 里的 switch,但写在选择器表达式之后,即选择器 match {备选项}。

match 表达式通过以代码编写的先后次序尝试每个模式来完成计算,只要发现有一个匹配的 case,则剩下的 case 不会继续匹配。

接下来看一个不同数据类型的模式匹配。

程序 3-11 **TestPattern.scala**

```
object TestPattern {
    def main(args: Array[String]) {
        println(matchTest("two"))
        println(matchTest("test"))
        println(matchTest(1))
        println(matchTest(6))


    }
    def matchTest(x: Any): Any = x match {
        case 1 => "one"
        case "two" => 2
        case y: Int => "scala.Int"
        case _ => "many"
    }
}
```

执行以上代码,输出结果为

```
2
many
one
scala.Int
```

实例中第 1 个 case 对应整型数值 1;第 2 个 case 对应字符串值"two";第 3 个 case 对应类型模式,用于判断传入的值是否为整型,相比使用 isInstanceOf 来判断类型,使用模式匹配更好;第 4 个 case 表示默认的全匹配备选项,即没有找到其他匹配时的匹配项,类似 switch 中的 default。

使用了 case 关键字的类定义就是样例类,样例类是一种特殊的类,经过优化后用于模式匹配。

以下是样例类的简单实例。

程序 3-12 **TestPattern1.scala**

```
object TestPattern1 {
    def main(args: Array[String]) {
        val alice = new Person("Alice", 25)
    val bob = new Person("Bob", 32)
        val charlie = new Person("Charlie", 32)

        for (person <- List(alice, bob, charlie)) {
          person match {
                case Person("Alice", 25) => println("Hi Alice!")
                case Person("Bob", 32) => println("Hi Bob!")
                case Person(name, age) =>
                    println("Age: " + age + " year, name: " + name + "?")
        }
    }
```

```
  }
  //样例类
  case class Person(name: String, age: Int)
}
```

执行以上代码,输出结果为

```
Hi Alice!
Hi Bob!
Age: 32 year, name: Charlie?
```

3.6　类和对象

1. 类的定义

类是对象的抽象,而对象是类的具体实例。类是抽象的,不占用内存;而对象是具体的,占用存储空间。类是用于创建对象的蓝图,它是一个定义包括在特定类型的对象中的方法和变量的软件模板。

实例如下。

```
class Point(xc: Int, yc: Int) {
    var x: Int =xc
    var y: Int =yc

    def move(dx: Int, dy: Int) {
        x =x +dx
        y =y +dy
        println("x 的坐标点: " +x);
        println("y 的坐标点: " +y);
    }
}
```

Scala 中的类不声明为 public,一个 Scala 源文件中可以有多个类。

以上实例的类中定义了两个变量 x 和 y,一个方法 move(),方法没有返回值。

Scala 的类定义可以有参数,称为类参数,如上面的 xc、yc,类参数在整个类中都可以访问。

接着可以使用 new 来实例化类,并访问类中的方法和变量。

程序 3-13　**TestPoint.scala**

```
import java.io._

class Point(xc: Int, yc: Int) {
    var x: Int =xc
    var y: Int =yc
```

```
    def move(dx: Int, dy: Int) {
        x = x + dx
        y = y + dy
        println("x 的坐标点: " + x);
        println("y 的坐标点: " + y);
    }
}

object TestPoint {
    def main(args: Array[String]) {
        val pt = new Point(10, 20);

        //移到一个新的位置
        pt.move(10, 10);
    }
}
```

执行以上代码,输出结果为

```
x 的坐标点: 20
y 的坐标点: 30
```

2. 继承

Scala 继承一个基类与 Java 很相似,但需要注意以下几点。

(1) 重写一个非抽象方法必须使用 override 修饰符。

(2) 只有主构造函数才可以往基类的构造函数里写参数。

(3) 在子类中重写超类的抽象方法时,不需要使用 override 关键字。

接下来看个实例。

```
class Point(xc: Int, yc: Int) {
    var x: Int = xc
    var y: Int = yc

    def move(dx: Int, dy: Int) {
        x = x + dx
        y = y + dy
        println("x 的坐标点: " + x);
        println("y 的坐标点: " + y);
    }
}

class Location(override val xc: Int, override val yc: Int,
    val zc : Int) extends Point(xc, yc){
    var z: Int = zc

    def move(dx: Int, dy: Int, dz: Int) {
        x = x + dx
```

```
        y = y +dy
        z = z +dz
        println("x 的坐标点 : " +x);
        println("y 的坐标点 : " +y);
        println("z 的坐标点 : " +z);
    }
}
```

Scala 使用 extends 关键字来继承一个类。实例中 Location 类继承了 Point 类。Point 称为父类(基类),Location 称为子类。

override val xc 为重写了父类的字段。

继承会继承父类的所有属性和方法,Scala 只允许继承一个父类。

实例如下。

程序 3-14　**TestInherit.scala**

```
import java.io._

class Point(val xc: Int, val yc: Int) {
    var x: Int =xc
    var y: Int =yc
    def move(dx: Int, dy: Int) {
        x =x +dx
        y =y +dy
        println("x 的坐标点 : " +x);
        println("y 的坐标点 : " +y);
    }
}

class Location(override val xc: Int, override val yc: Int,
    val zc :Int) extends Point(xc, yc){
    var z: Int =zc

    def move(dx: Int, dy: Int, dz: Int) {
        x =x +dx
        y =y +dy
        z =z +dz
        println("x 的坐标点 : " +x);
        println("y 的坐标点 : " +y);
        println("z 的坐标点 : " +z);
    }
}

object Test {
    def main(args: Array[String]) {
        val loc =new Location(10, 20, 15);

        //移到一个新的位置
        loc.move(10, 10, 5);
```

```
    }
}
```

执行以上代码,输出结果为

```
x 的坐标点 : 20
y 的坐标点 : 30
z 的坐标点 : 20
```

Scala 重写一个非抽象方法,必须用 override 修饰符。

程序 3-15   TestInherit1.scala

```
class Person {
  var name =""
  override def toString =getClass.getName +"[name=" +name +"]"
}

class Employee extends Person {
  var salary =0.0
  override def toString =super.toString +"[salary=" +salary +"]"
}

object TestInherit1 extends App {
  val fred =new Employee
  fred.name ="Fred"
  fred.salary =50000
  println(fred)
}
```

执行以上代码,输出结果为

```
Employee[name=Fred][salary=50000.0]
```

3.7   Scala 异常处理

Scala 的异常处理与其他语言如 Java 类似。

Scala 的方法可以通过抛出异常方法的方式来终止相关代码的运行,不必通过返回值。

1. 抛出异常

Scala 抛出异常的方法和 Java 一样,使用 throw 方法。例如,抛出一个新的参数异常:

```
throw new IllegalArgumentException
```

2. 捕捉异常

捕捉异常的机制与其他语言的处理方法一样,如果有异常发生,catch 子句是按次序捕捉的。因此,在 catch 子句中,越具体的异常越要靠前,越普遍的异常越靠后。如果抛出的异常不在 catch 子句中,该异常则无法处理,并会被升级到调用者处。

捕捉异常的 catch 子句,语法与其他语言中不太一样。在 Scala 里,借用了模式匹配的思想来做异常的匹配,因此,在 catch 的代码里是一系列 case 子句,如下所示。

程序 3-16　　**TestException.scala**

```scala
import java.io.FileReader
import java.io.FileNotFoundException
import java.io.IOException

object Test {
    def main(args: Array[String]) {
        try {
            val f = new FileReader("input.txt")
        } catch {
            case ex: FileNotFoundException => {
                println("Missing file exception")
            }
            case ex: IOException => {
                println("IO Exception")
            }
        }
    }
}
```

执行以上代码,输出结果为

```
Missing file exception
```

catch 语句里的内容与 match 里的 case 是完全一样的。由于异常捕捉是按次序,如果把最普遍的异常 Throwable 写在最前面,则在它后面的 case 都捕捉不到,因此需要将它写在最后面。

3. finally 语句

finally 语句用于执行不管是正常处理还是有异常发生时都需要执行的步骤,实例如下。

程序 3-17　　**TestFinally.scala**

```scala
import java.io.FileReader
import java.io.FileNotFoundException
import java.io.IOException

object TestFinally {
    def main(args: Array[String]) {
        try {
            val f = new FileReader("input.txt")
        } catch {
            case ex: FileNotFoundException => {
                println("Missing file exception")
            }
            case ex: IOException => {
              println("IO Exception")
```

```
        }
    } finally {
        println("Exiting finally...")
    }
  }
}
```

执行以上代码,输出结果为

```
Missing file exception
Exiting finally...
```

3.8　Trait(特征)

Scala Trait(特征)相当于 Java 的接口,实际上它比接口的功能还要强大。

与接口不同的是,它还可以定义属性和方法的实现。

一般情况下,Scala 的类只能够继承单一父类,但是如果是 Trait 的话就可以继承多个,从结果来看就是实现了多重继承。

Trait 定义的方式与类类似,但它使用的关键字是 trait,如下。

```
trait Equal {
  def isEqual(x: Any): Boolean
  def isNotEqual(x: Any): Boolean =!isEqual(x)
}
```

以上 Trait 由两个方法组成:isEqual()和 isNotEqual()。isEqual()方法没有定义方法的实现,isNotEqual()定义了方法的实现。子类继承特征可以实现未被实现的方法。所以其实 Scala Trait 更像 Java 的抽象类。

下面演示了特征的完整实例。

程序 3-18　TestTrait.scala

```
trait Equal {
  def isEqual(x: Any): Boolean
  def isNotEqual(x: Any): Boolean =!isEqual(x)
}

class Point(xc: Int, yc: Int) extends Equal {
  var x: Int =xc
  var y: Int =yc
  def isEqual(obj: Any) =
    obj.isInstanceOf[Point] &&
    obj.asInstanceOf[Point].x ==x
}

object Test {
    def main(args: Array[String]) {
```

```
        val p1 = new Point(2, 3)
        val p2 = new Point(2, 4)
        val p3 = new Point(3, 3)

        println(p1.isNotEqual(p2))
        println(p1.isNotEqual(p3))
        println(p1.isNotEqual(2))
    }
}
```

执行以上代码,输出结果为

```
false
true
true
```

3.9 Scala 文件 I/O

1. I/O 介绍

Scala 进行文件写操作,直接用的都是 Java 中的 I/O 类(java.io.File)。

程序 3-19　**TestFileWriter.scala**

```
import java.io._

object TestFileWriter {
    def main(args: Array[String]) {
        val writer = new PrintWriter(new File("test.txt"))

        writer.write("博客地址为 http://blog.csdn.net/mrchi")
        writer.close()
    }
}
```

执行以上代码,会在当前目录下产生一个 test.txt 文件,文件内容为"博客地址为 http://blog.csdn.net/silentwolfyh"。

2. 从屏幕上读取用户输入

有时候需要接收用户在屏幕上输入的指令来处理程序,实例如下。

```
object Test {
    def main(args: Array[String]) {
        print("请输入博客地址: ")
        val line = Console.readLine

        println("谢谢,你输入的是: " + line)
    }
}
```

执行以上代码,屏幕上会显示如下信息。

请输入博客地址: http://blog.csdn.net/mrchi
谢谢,你输入的是: http://blog.csdn.net/mrchi

3. 从文件上读取内容

从文件读取内容非常简单。可以使用 Scala 的 Source 类及伴生对象来读取文件。以下实例演示了从"test.txt"(之前已创建过)文件中读取内容。

程序 3-20　TestFileRead.scala

```scala
import scala.io.Source

object TestFileRead {
    def main(args: Array[String]) {
        println("文件内容为:")

        Source.fromFile("test.txt").foreach{
            print
        }
    }
}
```

执行以上代码,输出结果为

文件内容为: 博客地址为 http://blog.csdn.net/mrchi

 小结

Scala 的很多特性与 Spark 本身理念非常契合,可以说它们是天生一对。Scala 背后所代表的函数式编程思想也为人所知。本章详细讲解了 Scala 的编程基础,Spark 的开发语言也是 Scala,这是 Scala 在并行和并发计算方面优势的体现,是微观层面函数式编程思想的一次胜利,为理解 Spark 框架及之后的机器学习库的学习打下良好基础。

第 4 章

Spark数据结构基础

本章将介绍与数据处理密切相关的部分，即数据结构。从 Spark RDD 到带有 schema 的 DataFrame，大大提升了开发效率。本章着重介绍 DataFrame。Spark 的运行和计算都慢慢转向围绕 DataFrame 来进行。DataFrame 可以看成一个简单的"数据矩阵（数据框）"或"数据表"，对其进行操作也只需要调用有限的数组方法即可。它与一般"表"的区别在于：DataFrame 是分布式存储，可以更好地利用现有的云数据平台，并在内存中运行。

本章将详细介绍 RDD、DataFrame 结构，同时还将与编程实战结合起来介绍 DataFrame 的常用方法，为后续的各种编程操作奠定基础。

本章学习目标

- RDD 与 DataFrame 概述
- DataFrame 的工作原理
- DataFrame 的常用方法

4.1 RDD 概述

弹性分布式数据集（Resilient Distributed Dataset，RDD），是一个不可变的分布式对象集合。每个 RDD 都被分为多个分区，这些分区运行在集群中的不同节点上。RDD 可以包含 Python、Java、Scala 中任意类型的对象，甚至可以包含用户自定义的对象。RDD 的转换操作都是惰性求值的，所以不应该把 RDD 看作存放着特定数据的数据集，而最好把每个 RDD 当作通过转换操作构建出来的、记录如何计算数据的指令列表。

RDD 表示只读的分区的数据集，对 RDD 进行改动，只能通过 RDD 的转换操作，由一个 RDD 得到一个新的 RDD，新的 RDD 包含从其他 RDD 衍生所必需的信息。RDD 之间存在依赖，RDD 的执行是按照血缘关系延时计算的。如果血缘关系较长，可以通过持久化 RDD 来切断血缘关系。RDD 逻辑上是分区的，每个分区的数据是抽象存在的，计算时会通

过一个 compute 函数得到每个分区的数据。如果 RDD 是通过已有的文件系统构建,则
compute 函数是读取指定文件系统中的数据,如果 RDD 是通过其他 RDD 转换而来,则
compute 函数是执行转换逻辑将其他 RDD 的数据进行转换。由一个 RDD 转换到另一个
RDD,可以通过丰富的操作算子实现,不再像 MapReduce 那样只能写 map 和 reduce 了。

　　RDD 的操作算子包括两类,一类叫作 transformations(转换算子),用来将 RDD 进行
转换,构建 RDD 的血缘关系;另一类叫作 actions(行动算子),用来触发 RDD 的计算,得到
RDD 的相关计算结果或者将 RDD 保存的文件系统中。两种算子分别如下。

　　(1) 转换算子。不会触发 Job 工作,如 textFile、map、filter 等,只有当引发 Job 时才会
执行这些操作。

　　(2) 行动算子。会触发 Job 工作,如 collect、count、reduceByKey 等。

　　算子的功能,主要包括以下两方面。

　　(1) 通过转换算子,获取一个新的 RDD。

　　(2) 通过行动算子,触发 Spark Job 提交作业。

4.1.1　常见的转换算子

1. Value 型算子

1) map

数据集中的每个元素经过用户自定义的函数转换形成一个新的 RDD,新的 RDD 叫作
MappedRDD。

```
val a =sc.parallelize(List("dog", "salmon", "salmon", "rat", "elephant"), 3)
val b =a.map(_.length)
val c =a.zip(b)
c.collect
```

zip 函数用于将两个 RDD 组合成 Key/Value 形式的 RDD。

结果:

```
res0: Array[(String, Int)] =Array((dog,3), (salmon,6), (salmon,6), (rat,3),
(elephant,8))
```

2) flatMap

描述:与 map 类似,但每个元素输入项都可以被映射到 0 个或多个输出项,最终将结果
"扁平化"后输出。

```
val a =sc.parallelize(1 to 10, 5)
a.flatMap(1 to _).collect
```

结果:

```
res1: Array[Int] = Array(1, 1, 2, 1, 2, 3, 1, 2, 3, 4, 1, 2, 3, 4, 5, 1, 2, 3, 4, 5, 6,
1, 2, 3, 4, 5, 6, 7, 1, 2, 3, 4, 5, 6, 7, 8, 1, 2, 3, 4, 5, 6, 7, 8, 9, 1, 2, 3, 4, 5, 6, 7,
8, 9, 10)
sc.parallelize(List(1, 2, 3), 2).flatMap(x =>List(x, x, x)).collect
```

结果:

```
res2: Array[Int] =Array(1, 1, 1, 2, 2, 2, 3, 3, 3)
```

3）mapPartitions

描述：类似 map，map 作用于每个分区的每个元素，但 mapPartitions 作用于每个分区的 func 的类型：Iterator[T] => Iterator[U]。假设有 N 个元素，有 M 个分区，那么 map 的函数将被调用 N 次，而 mapPartitions 被调用 M 次，当在映射的过程中不断地创建对象时就可以使用 mapPartitions，比 map 的效率要高很多。例如，当向数据库写入数据时，如果使用 map，就需要为每个元素创建 connection 对象；但如果使用 mapPartitions，就需要为每个分区创建 connection 对象。

```
val l = List(("kpop","female"),("zorro","male"),("mobin","male"),("lucy","
female"))
val rdd =sc.parallelize(l,2)
rdd.mapPartitions(x =>x.filter(_._2 =="female")).foreachPartition(p=>{
println(p.toList)
    println("====分区分隔线====")
})
```

结果：

```
====分区分隔线====
List((kpop,female))
====分区分隔线====
List((lucy,female))
```

4）glom

将 RDD 的每个分区中的类型为 T 的元素转换为数组 Array[T]。

```
val a =sc.parallelize(1 to 100, 3)
a.glom.collect
```

结果：

```
res3: Array[Array[Int]] =Array(Array(1, 2, 3, 4, 5, 6, 7, 8, 9, 10, 11, 12, 13, 14,
15, 16, 17, 18, 19, 20, 21, 22, 23, 24, 25, 26, 27, 28, 29, 30, 31, 32, 33), Array(34,
35, 36, 37, 38, 39, 40, 41, 42, 43, 44, 45, 46, 47, 48, 49, 50, 51, 52, 53, 54, 55, 56,
57, 58, 59, 60, 61, 62, 63, 64, 65, 66), Array(67, 68, 69, 70, 71, 72, 73, 74, 75, 76,
77, 78, 79, 80, 81, 82, 83, 84, 85, 86, 87, 88, 89, 90, 91, 92, 93, 94, 95, 96, 97, 98,
99, 100))
```

5）union

union 用于将两个 RDD 中的数据集进行合并，最终返回两个 RDD 的并集，若 RDD 中存在相同的元素，也不会去重。

```
val a =sc.parallelize(1 to 3, 1)
val b =sc.parallelize(1 to 7, 1)
(a ++b).collect
```

结果：

```
res4: Array[Int] =Array(1, 2, 3, 1, 2, 3, 4, 5, 6, 7)
```

6) cartesian

对两个 RDD 中的所有元素进行笛卡儿积操作。

```
val x = sc.parallelize(List(1,2,3,4,5))
val y = sc.parallelize(List(6,7,8,9,10))
x.cartesian(y).collect
```

结果：

```
res5: Array[(Int, Int)] =Array((1,6), (1,7), (1,8), (1,9), (1,10), (2,6), (2,7),
(2,8), (2,9), (2,10), (3,6), (3,7), (3,8), (3,9), (3,10), (4,6), (5,6), (4,7), (5,
7), (4,8), (5,8), (4,9), (4,10), (5,9), (5,10))
```

7) groupBy

生成相应的 key，相同的放在一起 even(2,4,6,8)。

```
val a = sc.parallelize(1 to 9, 3)
a.groupBy(x => { if (x %2 ==0) "even" else "odd" }).collect
```

结果：

```
res6: Array[(String, Seq[Int])] = Array((even,ArrayBuffer(2, 4, 6, 8)), (odd,
ArrayBuffer(1, 3, 5, 7, 9)))
```

8) filter

filter 用于对元素进行过滤，对每个元素应用 f 函数，返回值为 true 的元素在 RDD 中保留；返回值为 false 的元素将被过滤掉。

```
val a = sc.parallelize(1 to 10, 3)
val b = a.filter(_ %2 ==0)
b.collect
```

结果：

```
res7: Array[Int] =Array(2, 4, 6, 8, 10)
```

9) distinct

distinct 用于去重。

```
val c = sc.parallelize(List("Gnu", "Cat", "Rat", "Dog", "Gnu", "Rat"), 2)
c.distinct.collect
```

结果：

```
res8: Array[String] =Array(Dog, Gnu, Cat, Rat)
```

10) subtract

subtract 用于去掉含有重复的项。

```
val a = sc.parallelize(1 to 9, 3)
val b = sc.parallelize(1 to 3, 3)
val c = a.subtract(b)
c.collect
```

结果：

```
res9: Array[Int] =Array(6, 9, 4, 7, 5, 8)
```

以上转换算子属于 Value 型算子，Value 数据类型的 Transformation 算子，这种变换不触发提交作业，针对处理的数据项是 Value 型的数据。

另外还有一种 Key-Value 数据类型的 Transformation 算子，这种变换不触发提交作业，针对处理的数据项是 Key-Value 型的数据。

2. Key-Value 型算子

1）mapValues

mapValues 是针对[K，V]中的 V 值进行 map 操作。

```
val a =sc.parallelize(List("dog", "tiger", "lion", "cat", "panther", "eagle"),
2)
val b =a.map(x =>(x.length, x))
b.mapValues("x" + _ +"x").collect
```

结果：

```
res14: Array[(Int, String)] = Array((3, xdogx), (5, xtigerx), (4, xlionx), (3,
xcatx), (7, xpantherx), (5, xeaglex))
```

2）combineByKey

使用用户设置好的聚合函数对每个 Key 中的 Value 进行组合（combine），可以将输入类型 RDD[(K，V)]转换成 RDD[(K，C)]。

```
val a = sc.parallelize(List("dog","cat","gnu","salmon","rabbit","turkey","
wolf","bear","bee"), 3)
val b =sc.parallelize(List(1,1,2,2,2,1,2,2,2), 3)
val c =b.zip(a)
val d =c.combineByKey(List(_), (x: List[String], y: String) => y :: x, (x: List
[String], y:List[String]) =>x ::: y)
d.collect
```

结果：

```
res15: Array[(Int, List[String])] = Array((1, List(cat, dog, turkey)), (2, List
(gnu, rabbit, salmon, bee, bear, wolf)))
```

3）reduceByKey

对元素为 K-V 对的 RDD 中 Key 相同的元素的 Value 进行 binary_function 的 reduce 操作，因此，Key 相同的多个元素的值被 reduce 为一个值，然后与原 RDD 中的 Key 组成一个新的 K-V 对。

```
val a =sc.parallelize(List("dog", "cat", "owl", "gnu", "ant"), 2)
val b =a.map(x =>(x.length, x))
b.reduceByKey(_ +_).collect
```

结果：

```
res16: Array[(Int, String)] = Array((3,dogcatowlgnuant))
val a =sc.parallelize(List("dog", "tiger", "lion", "cat", "panther", "eagle"),
2)
val b =a.map(x => (x.length, x))
b.reduceByKey(_ +_).collect
```

结果：

```
res17: Array[(Int, String)] = Array((4,lion), (3,dogcat), (7,panther), (5,
tigereagle))
```

4）partitionBy

对 RDD 进行分区操作。

5）cogroup

cogroup 指对两个 RDD 中的 K-V 元素，每个 RDD 中相同 Key 中的元素分别聚合成一个集合。

```
val a =sc.parallelize(List(1, 2, 1, 3), 1)
val b =a.map((_, "b"))
val c =a.map((_, "c"))
b.cogroup(c).collect
```

结果：

```
res18: Array[(Int, (Iterable[String], Iterable[String]))] =Array(
(2,(ArrayBuffer(b),ArrayBuffer(c))),
(3,(ArrayBuffer(b),ArrayBuffer(c))),
(1,(ArrayBuffer(b, b),ArrayBuffer(c, c))))
```

6）join

对两个需要连接的 RDD 进行 cogroup 函数操作。

```
val a =sc.parallelize(List("dog", "salmon", "salmon", "rat",
"elephant"), 3)
val b =a.keyBy(_.length)
val c =sc.parallelize(List("dog","cat","gnu","salmon","rabbit","turkey",
"wolf","bear","bee"), 3)
val d =c.keyBy(_.length)
b.join(d).collect
```

结果：

```
res19: Array[(Int, (String, String))] =Array((6,(salmon,salmon)), (6,(salmon,
rabbit)), (6,(salmon,turkey)), (6,(salmon,salmon)), (6,(salmon,rabbit)), (6,
(salmon,turkey)), (3,(dog,dog)), (3,(dog,cat)), (3,(dog,gnu)), (3,(dog,bee)),
(3,(rat,dog)), (3,(rat,cat)), (3,(rat,gnu)), (3,(rat,bee)))
```

4.1.2　常见的行动算子

Action 算子会触发 SparkContext 提交作业，常用的 Action 算子如下。

1. foreach

描述：打印输出。

```
val c =sc.parallelize(List("cat", "dog", "tiger", "lion", "gnu", "crocodile",
"ant", "whale", "dolphin", "spider"), 3)
c.foreach(x =>println(x +"s are yummy"))
```

结果：

```
lions are yummy
gnus are yummy
crocodiles are yummy
ants are yummy
whales are yummy
dolphins are yummy
spiders are yummy
```

2. saveAsTextFile

保存结果到 HDFS。

```
val a =sc.parallelize(1 to 10000, 3)
a.saveAsTextFile("/user/yuhui/mydata_a")
```

结果：

```
[root@tagtic-slave03 ~]#Hadoop fs -ls /user/yuhui/mydata_a
Found 4 items
-rw-r-r-2 root supergroup 0 2017-05-22 14:28 /user/yuhui/mydata_a/_SUCCESS
-rw-r-r-2 root supergroup 15558 2017-05-22 14:28 /user/yuhui/mydata_a/part
-00000
-rw-r-r-2 root supergroup 16665 2017-05-22 14:28 /user/yuhui/mydata_a/part
-00001
-rw-r-r-2 root supergroup 16671 2017-05-22 14:28 /user/yuhui/mydata_a/part
-00002
```

3. saveAsObjectFile

saveAsObjectFile 用于将 RDD 中的元素序列化成对象，存储到文件中。对于 HDFS，默认采用 SequenceFile 保存。

```
val x =sc.parallelize(1 to 100, 3)
x.saveAsObjectFile("/user/yuhui/objFile")
val y =sc.objectFile[Int]("/user/yuhui/objFile")
y.collect
```

结果：

```
res22: Array[Int] =Array[Int] =Array(1, 2, 3, 4, 5, 6, 7, 8, 9, 10, 11, 12, 13, 14,
15, 16, 17, 18, 19, 20, 21, 22, 23, 24, 25, 26, 27, 28, 29, 30, 31, 32, 33, 34, 35, 36,
37, 38, 39, 40, 41, 42, 43, 44, 45, 46, 47, 48, 49, 50, 51, 52, 53, 54, 55, 56, 57, 58,
59, 60, 61, 62, 63, 64, 65, 66, 67, 68, 69, 70, 71, 72, 73, 74, 75, 76, 77, 78, 79, 80,
81, 82, 83, 84, 85, 86, 87, 88, 89, 90, 91, 92, 93, 94, 95, 96, 97, 98, 99, 100)
```

4. collect

将 RDD 中的数据收集起来,变成一个 Array,仅限数据量比较小的时候。

```
val c =sc.parallelize(List("Gnu", "Cat", "Rat", "Dog", "Gnu", "Rat"), 2)
c.collect
```

结果:

```
res23: Array[String] =Array(Gnu, Cat, Rat, Dog, Gnu, Rat)
```

5. collectAsMap

返回 hashMap 包含所有 RDD 中的分片,Key 如果重复,后边的元素会覆盖前面的元素。

```
val a =sc.parallelize(List(1, 2, 1, 3), 1)
val b =a.zip(a)
b.collectAsMap
```

结果:

```
res24: Scala.collection.Map[Int, Int] =Map(2 ->2, 1 ->1, 3 ->3)
```

6. reduceByKeyLocally

先执行 reduce,再执行 collectAsMap。

```
val a =sc.parallelize(List("dog", "cat", "owl", "gnu", "ant"), 2)
val b =a.map(x =>(x.length, x))
b.reduceByKey(_ +_).collect
```

结果:

```
res25: Array[(Int, String)] =Array((3,dogcatowlgnuant))
```

7. lookup

查找,针对 Key-Value 类型的 RDD。

```
val a =sc.parallelize(List("dog", "tiger", "lion", "cat", "panther", "eagle"),
2)
val b =a.map(x =>(x.length, x))
b.lookup(3)
```

结果:

```
res26: Seq[String] =WrappedArray(tiger, eagle)
```

8. count

计算总数。

```
val c =sc.parallelize(List("Gnu", "Cat", "Rat", "Dog"), 2)
c.count
```

结果：

```
res27: Long = 4
```

9. top

返回最大的 K 个元素。

```
val c =sc.parallelize(Array(6, 9, 4, 7, 5, 8), 2)
c.top(2)
```

结果：

```
res28: Array[Int] =Array(9, 8)
```

10. reduce

相当于对 RDD 中的元素进行 reduceLeft 函数的操作。

```
val a =sc.parallelize(1 to 100, 3)
a.reduce(_ +_)
```

结果：

```
res29: Int =5050
```

4.2　DataFrame 概述

　　DataFrame 实质上是存储在不同节点计算机中的一张关系型数据表。分布式存储最大的好处是：可以让数据在不同的工作节点上并行存储，以便在需要数据的时候并行运算，从而获得最快的运行效率。

4.2.1　DataFrame 简介

　　RDD 可以说是 DataFrame 的前身，DataFrame 是 RDD 的发展和拓展。RDD 中可以存储任何单机类型的数据，但是，直接使用 RDD 在字段需求明显时存在算子难以复用的缺点。例如，假设 RDD 存的数据是一个 Person 类型的数据，现在要求出所有年龄段（每 10 年一个年龄段）中最高的身高与最大的体重。使用 RDD 接口时，因为 RDD 不了解其中存储的数据的具体结构，需要用户自己去写一个很特殊化的聚合函数来完成这样的功能。那么如何改进才可以让 RDD 了解其中存储的数据包含哪些列并在列上进行操作呢？

　　DataFrame 类似关系型数据库中的表或者像 R/Python 中的 dataframe，可以说是一个具有良好优化技术的关系表。DataFrame 背后的思想是允许处理大量结构化数据。DataFrame 包含带 schema 的行，schema 是数据结构的说明。

　　在 Apache Spark 里面 DF 优于 RDD，但也包含 RDD 的特性。RDD 和 DataFrame 的共同特征是内存运行、弹性、分布式计算能力。它允许用户将结构强加到分布式数据集合上，因此提供了更高层次的抽象。我们可以从不同的数据源构建 DataFrame。例如，结构化数据文件、Hive 中的表、外部数据库或现有的 RDDs。DataFrame 的应用程序编程接口可以在各种语言中使用,示例包括 Scala、Java、Python 和 R。在 Scala 和 Java 中,我们都将 DataFrame 表示为行数据集。在 Scala API 中,DataFrames 是 Dataset[Row]的类型别名。在 Java API 中,用户使用数据集<Row>来表示数据流。

根据 Google 上的解释,DataFrame 是表格或二维数组状结构,其中每一列包含对一个变量的度量,每一行包含一个案例。

有了 DataFrame,框架会了解 RDD 中的数据具有什么样的结构和类型,使用者可以说清楚自己对每一列进行什么样的操作,这样就有可能实现一个算子,用在多列上比较容易进行算子的复用。甚至,在需要同时求出每个年龄段内不同的姓氏有多少个时使用 RDD 接口,之前的函数需要很大的改动才能满足需求时使用 DataFrame 接口,这时只需要添加对这一列的处理,原来的 max/min 相关列的处理都可保持不变。

这里尽量避免理论化探讨,尽量讲解得深入一些,毕竟这本书是以实战为主的。

分布式数据的容错性处理是涉及面较广的问题,较为常用的方法主要是以下两种。

- 检查节点:对每个数据节点逐个进行检测,随时查询每个节点的运行情况。这样做的好处是便于操作主节点,随时了解任务的真实数据运行情况;坏处是系统进行的是分布式存储和运算,节点检测的资源耗费非常大,而且一旦出现问题,就需要将数据在不同节点中搬运,反而更加耗费时间,从而极大地拉低了执行效率。

- 更新记录:运行的主节点并不总是查询每个分节点的运行状态,而是将相同的数据在不同的节点(一般情况下是三个)中进行保存,各个工作节点按固定的周期更新在主节点中运行的记录,如果在一定时间内主节点查询到数据的更新状态超时或者有异常,就在存储相同数据的不同节点上重新启动数据计算工作。其缺点在于数据量过大时,更新数据和重新启动运行任务的资源耗费也相当大。

4.2.2　DataFrame 的特性

DataFrame 是一个不可变的分布式数据集合,与 RDD 不同,数据被组织成命名列,就像关系型数据库中的表一样,即具有定义好的行、列的分布式数据表,如图 4-1 所示。

DataFrame 背后的思想是允许处理大量结构化数据。DataFrame 包含带 schema 的行。schema 是数据结构的说明,意为模式。schema 是 Spark 的 StructType 类型,由一些域(StructFields)组成,域中明确了列名、列类型以及一个布尔类型的参数(表示该列是否可以有缺失值或 null 值),最后还可以可选地明确该列关联的元数据(在机器学习库中,元数据是一种存储列信息的方式,平常很少用到)。schema 提供了详细的数据结构信息,例如,包含哪些列、每列的名称和类型各是什

Name	Age	Height
String	Int	Double
String	Int	Double
String	Int	Double
String	Int	Double
String	Int	Double
String	Int	Double

DataFrame

图 4-1　DataFrame 具体展现

么。DataFrame 由于其表格格式而具有其他元数据,这使得 Spark 可以在最终查询中运行某些优化。

使用一行代码即可输出 schema,代码如下。

```
df.printSchema()
//看看 schema 到底长什么样子
```

DataFrame 的另外一大特性是延迟计算(懒惰执行),即一个完整的 DataFrame 运行任务被分成两部分:Transformation 和 Action(转换操作和行动操作)。转换操作就是从一个 RDD 产生一个新的 RDD,行动操作就是进行实际的计算。只有当执行一个行动操作时,才会执行并返回结果。下面仍然以 RDD 这种数据集解释一下这两种操作。

1.Transformation

Transformation 用于创建 RDD。在 Spark 中,RDD 只能使用 Transformation 创建,同时 Transformation 还提供了大量的操作方法,如 map、filter、groupBy、join 等。除此之外,还可以利用 Transformation 生成新的 RDD,在有限的内存空间中生成尽可能多的数据对象。有一点要牢记,无论发生了多少次 Transformation,在 RDD 中真正数据计算运行的操作都不可能真正运行。

2. Action

Action 是数据的执行部分,通过执行 count、reduce、collect 等方法真正执行数据的计算部分。实际上,RDD 中所有的操作都是使用 Lazy 模式(一种程序优化的特殊形式)进行的。运行在编译的过程中,不会立刻得到计算的最终结果,而是记住所有的操作步骤和方法,只有显式地遇到启动命令才进行计算。

这样做的好处在于大部分优化和前期工作在 Transformation 中已经执行完毕,当 Action 进行工作时只需要利用全部资源完成业务的核心工作。

Spark SQL 可以使用其他 RDD 对象、Parquet 文件、JSON 文件、Hive 表以及通过 JDBC 连接到其他关系型数据库作为数据源,来生成 DataFrame 对象。它还能处理存储系统 HDFS、Hive 表、MySQL 等。

4.2.3 DataFrame 与 DataSet 的差异

DataSet 是 DataFrame API 的一个扩展,也是 Spark 最新的数据抽象。DataFrame 是 DataSet 的特例(DataFrame=DataSet[Row]),所以可以通过 as()方法将 DataFrame 转换为 DataSet。Row 是一个类型,与 Car、Person 这些类型一样。DataSet 是强类型的,如可以有 DataSet[Car]、DataSet[Person]。

在结构化 API 中,DataFrame 是非类型化(untyped)的,Spark 只在运行(runtime)的时候检查数据的类型是否与指定的 schema 一致;DataSet 是类型化(typed)的,在编译(compile)的时候就检查数据类型是否符合规范。

DataFrame 和 DataSet 实质上都是一个逻辑计划,并且是懒加载的,都包含着 schema 信息,只有到数据要读取的时候才会对逻辑计划进行分析和优化,并最终转换为 RDD。二者的 API 是统一的,所以都可以采用 DSL 和 SQL 方式进行开发,都可以通过 SparkSession 对象进行创建或者通过转换操作得到。

提示:在 Scala API 中,DataFrame 是 DataSet[Row]的类型别名。在 Java API 中,用户使用数据集<Row>来表示数据流。

4.2.4 DataFrame 的缺点

如果有不同的需求，DataFrame 和 DataSet 是可以相互转换的，即 df.as[ElementType] 可以把 DataFrame 转换为 DataSet，ds.toDF（）可以把 DataSet 转换为 DataFrame。DataFrame 编译时不能进行类型转换安全检查，运行时才能确定是否有问题，如果结构未知，则不能操作数据。对于对象支持不友好（相对而论），RDD 内部数据直接以 Java 对象存储，DataFrame 内存存储的是 row 对象，而不能是自定义对象。

有一些特殊情况需要将 DataFrame 转换为 RDD，比如解决一些使用 SQL 难以处理的统计分析、将数据写入 MySQL 等。

4.3 DataFrame 工作机制

DataFrame 是一个开创性的基于分布式的数据处理模式，脱离了单纯的 MapReduce 的分布设定、整合、处理模式，而采用一个新颖的、类似一般数组或集合的处理模式，对存储在分布式存储空间上的数据进行操作。

4.3.1 DataFrame 本质

DataFrame 可以看成一个分布在不同节点中的分布式数据集，并将数据以数据块（Block）的形式存储在各个节点的计算机中，整体布局如图 4-2 所示。DataFrame 主要用于进行结构化数据的处理，提供一种基于 RDD 之上的全新概念，但是底层还是基于 RDD 的，因此这一部分基本上和 RDD 是一样的。

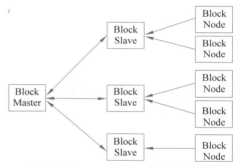

从图 4-2 可以看出，每个 BlockMaster 管理着若干 BlockSlave，而每个 BlockSlave 又管理着若干 BlockNode。当 BlockSlave 获得了每个 Node 节点的地址时，又反向 BlockMaster 注册每个 Node 的基本信息，这样会形成分层管理。

图 4-2 **DataFrame 数据块存储方式**

对于某个节点中存储的数据，如果使用频率较高，BlockMaster 就会将其缓存在自己的内存中，如果以后需要调用这些数据，就可以直接从 BlockMaster 中读取。对于不再使用的数据，BlcokMaster 会向 BlockSlave 发送一组命令予以销毁。

对于 DataFrame 来说，它有一个比 RDD 好的地方，就是可以使用对外内存，使内存的使用不会过载，比 RDD 有更好的执行性能。

4.3.2 宽依赖与窄依赖

宽依赖（Wide Dependency，也称 Shuffle Dependency）与窄依赖（Narrow Dependency）是 Spark 计算引擎划分 Stage 的根源所在，遇到宽依赖就划分为多个 Stage，并针对每个 Stage 提交一个 TaskSet。这两个概念对于理解 Spark 的底层原理非常重要，所以做业务时不管是使用 RDD 还是 DataFrame,都需要好好理解它们。

注意,Transformation 在生成 RDD 时,生成的是多个 RDD,但不是同时一次性生成。这里的 RDD 生成方式并不是一次性生成多个,而是由上一级的 RDD 依次往下生成,我们将其称为依赖。

RDD 依赖生成的方式不尽相同,在实际工作中一般由两种方式生成:宽依赖和窄依赖,两者的区别如图 4-3 所示。

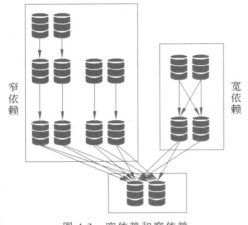

图 4-3　宽依赖和窄依赖

RDD 作为一个数据集合,可以在数据集之间逐次生成。如果每个 RDD 的子 RDD 只有一个父 RDD,而同时父 RDD 也只有一个子 RDD 时,那么这种生成关系称为窄依赖,如窄依赖的矩形框里所示。如果多个 RDD 相互生成,就称为宽依赖,如宽依赖的矩形框里所示。

宽依赖和窄依赖在实际应用中有着不同的作用。窄依赖便于在单一节点上按次序执行任务,使任务可控。宽依赖更多的是考虑任务的交互和容错性。这里没有好坏之分,具体选择哪种方式需要根据具体情况处理。宽依赖往往对应着 Shuffle(模拟扑克牌中的洗牌操作)操作,需要在运行过程中将同一个父 RDD 的分区传入不同的子 RDD 分区中,中间可能涉及多个节点之间的数据传输;窄依赖的每个父 RDD 的分区只会传入一个子 RDD 分区中,通常可以在一个节点内完成。

4.4　DataFrame 实战详解

本书的目的是教会读者在实际运用中使用 DataFrame 去解决相关问题,因此建议读者更多地将注重点转移到真实的程序编写上。后面的程序将使用 Scala 2.12 来实现。

本节将带领读者学习 DataFrame 的各种 API 用法,虽然内容有点多,但是读者至少要对这些 API 有个印象,以便在后文进行数据分析需要查询某个具体方法时再回头查看。

4.4.1　创建 DataFrame

如之前的 wordCount.scala 程序所示,Spark 3 推荐使用 SparkSession 来创建 Spark 会话,然后利用使用 SparkSession 创建出来的 Application 来创建 DataFrames。

```
import org.apache.spark.sql.SparkSession

val spark =SparkSession
  .builder()                            //创建 Spark 会话
  .appName("Spark SQL basic example")   //设置会话名称
```

```
.master("local")                                    //设置本地模式
.config("spark.some.config.option", "some-value")   //设置相关配置
.getOrCreate()                                       //创建会话变量
```

对于所有的 Spark 功能，SparkSession 类都是入口，所以创建基础的 SparkSession 只需要使用 SparkSession.builder()。使用 SparkSession 时，应用程序能够从现存的 RDD、Hive table 或者 Spark 数据源里面创建 DataFrame，也可以直接从数据源里读成 DataFrame 的格式。

程序 4-1　**createDataFrame()方法**

```
import org.apache.spark.sql._
import org.apache.spark.sql.types._
val sparkSession =new org.apache.spark.sql.SparkSession(sc)

val schema =
  StructType(
    StructField("name", StringType, false) ::
    StructField("age", IntegerType, true) :: Nil)

val people =
  sc.textFile("people.txt").map(
    _.split(",")).map(p =>Row(p(0), p(1).trim.toInt))
val dataFrame =sparkSession.createDataFrame(people, schema)
dataFrame.printSchema
//root
//|--name: string (nullable =false)
//|--age: integer (nullable =true)

dataFrame.createOrReplaceTempView("people")
sparkSession.sql("select name from people").collect.foreach(println)
```

（1）第一种方式：从上面的代码中可以看到，createDataFrame()方法在使用时是借助 SparkSession 会话环境进行工作的，因此需要对 Spark 会话环境变量进行设置。以上代码先从一个文件里创建一个 RDD 再使用 createDataFrame()方法，其中，第一个参数是 RDD，第二个参数 schema 是上面定义的 DataFrame 的字段数据类型等信息。

（2）第二种方式：使用 toDF()函数将此强类型数据集合转换为带有重命名列的通用 DataFrame。这在将元组的 RDD 转换为具有有意义名称的 DataFrame 时非常方便。

```
import spark.implicits._
val rdd: RDD[(Int, String)] =...
rdd.toDF()           //这里是一个隐式转换,将 RDD 变成列名为_1、_2 的 DataFrame
rdd.toDF("id", "name")  //将 RDD 变成列名为"id" "name"的 DataFrame,
                     //需要添加结构信息并加上列名
```

提示：对 DataFrame、DataSet 和 RDD 进行转换需要 import spark.implicits._ 这个包的支持。

（3）第三种方式：DataFrame 的数据来源可以多种多样，既可以通过手写数据，也可以从 CSV、JSON 等类型的文件加载，还可以从 MySQL、Hive 等存储数据表导入数据。包括

Array、Seq 数据格式存储的数据、稀疏向量、稠密向量的特征列,以及含有缺失值的列等都可以创建出来 DataFrame。

程序 4-2　wordCount 程序的一部分

```scala
import org.apache.spark.sql.{DataFrame, Dataset, SparkSession}
object wordCount {
  def main(args: Array[String]): Unit ={
    val spark =SparkSession                    //创建 Spark 会话
        .builder
        .master("local")                       //设置本地模式
        .appName("wordCount")                  //设置会话名称
        .getOrCreate()                         //创建会话变量
    val data =spark.read.text("wc.txt")        //读取文件为 DataFrame 格式
```

这里先创建了一个 SparkSession( ),目的是创建一个会话变量实例,告诉系统开始 Spark 计算。之后的 master("local")启动了本地化运算,appName("wordCount")用于设置本程序名称。getOrCreate( )的作用是创建环境变量实例,准备开始任务。spark.read. text("wc.txt")的作用是读取文件,这里的文件在本章项目根目录下,因此路径目录为 wc.txt。

提示:DataFrame 的每一条记录都是 Row 类型的。Spark 用列表达式操作 Row 对象来生成计算数据。DataFrame API 在 Scala、Java、Python 和 R 中可用。在 Scala 和 Java 中,DataFrame 由行数据集表示。在 Scala API 中,DataFrame 只是 Dataset［Row］的类型别名。在 Java API 中,用户需要使用 DataSet 来表示 DataFrame。

```scala
val df =spark.read.format("csv")        //"CSV"可以更换为其他格式,如 JSON
```

除此之外,上述代码也可以创建不同格式的 DataFrame。另外,SparkSession 的 sql 函数使应用程序能够以编程方式运行 SQL 查询,并将结果作为 DataFrame,代码如下。

```scala
val sqlDF =spark.sql("SELECT * FROM people")
sqlDF.show()
//+----+-------+
//| age | name  |
//+----+-------+
//|null |Michael |
//| 30  | Andy  |
//| 19  | Justin |
//+----+-------+
```

建议读者掌握以下两个函数,以便于开发和测试。

```scala
//查看字段属性,打印 DataFrame 的 Schema 信息
df.printSchema()
//root
//|--name: string (nullable =false)
//|--age: integer (nullable =true)
DF.show()
//默认以表格形式展现 DataFrame 数据集的前 20 行数据,字符串类型数据长度超过 20 个字符将
会被截
```

```
//断。需要控制显示的数据条数和字符串截取显示情况时,可以使用带有不同参数的 show()方法
//+----+-------+
//| age | name  |
//+----+-------+
//|null |Michael |
//| 30 | Andy   |
//| 19 | Justin |
//+----+-------+
```

4.4.2　提前计算的 cache()方法

cache()方法的作用是将数据内容进行计算并保存在计算节点的内存中。这个方法针对的是 Spark 的 Lazy 数据处理模式。这也是 DataFrame 的基本操作之一。

在 Lazy 模式中,数据在编译和未使用时是不进行计算的,而仅保存存储地址,只有在 Action 方法到来时才正式计算。这样做的好处在于可以极大地减少存储空间,从而提高利用率。若必须要求数据进行计算,则需要使用 cache()方法,如程序 4-3 所示。

程序 4-3　cache()方法

```
import org.apache.spark.sql.SparkSession
object CacheTest {
  def main(args: Array[String]): Unit ={
    val spark =SparkSession
        .builder()                              //创建 Spark 会话
        .appName("Spark SQL basic example")     //设置会话名称
        .master("local")                        //设置本地模式
        .getOrCreate()                          //创建会话变量
    val rdd =spark.sparkContext.parallelize(Array(1,2,3,4))
    import spark.implicits._
    val df =rdd.toDF("id")
    val df2 =df.filter("id>3")
    println(df2)                                //打印结果
    println("----------------")                 //分隔符
    println(df2.cache().show())                 //打印结果
  }
}
```

这里分隔符分隔了相同的数据,分别是未使用 cache()方法进行处理的数据和使用 cache()方法进行处理的数据,其结果如下。

```
[id: int]
----------------
+---+
| id |
+---+
| 4 |
+---+
```

从结果中可以看到,第一行打印结果是一个 DataFrame 数据格式,第二行打印结果是真正的数据结果。

说明：除了使用 cache()方法外，DataFrame 还有采用迭代形式打印数据的专用方法，具体参见程序 4-4。

程序 4-4　采用迭代形式打印数据

```
import org.apache.spark.sql.SparkSession

object CacheTest2 {
  def main(args: Array[String]): Unit ={
    val spark =SparkSession
      .builder()                              //创建 Spark 会话
      .appName("Spark SQL basic example")     //设置会话名称
      .master("local")                        //设置本地模式
      .getOrCreate()                          //创建会话变量
    val rdd =spark.sparkContext.parallelize(Array(1,2,3,4))
    import spark.implicits._
    val df =rdd.toDF("id")
    df.foreach(row=>println(row))            //打印每行
  }
}
```

arr.foreach(row＝＞println(row))是一个专门用来打印未进行 Action 操作的数据的方法，可以对 DataFrame 中的数据一条一条地进行处理。

4.4.3　用于列筛选的 select()和 selectExpr()方法

select()和 selectExpr()方法用于把 DataFrame 中的某些列筛选出来。其中，select()用来选择某些列出现在结果集中，结果作为一个新的 DataFrame 返回，使用方法如程序 4-5 所示。

程序 4-5　select()方法

```
import org.apache.spark.sql.SparkSession
object select {
  def main(args: Array[String]): Unit ={
    val spark =SparkSession
      .builder()                              //创建 Spark 会话
      .appName("Spark SQL basic example")     //设置会话名称
      .master("local")                        //设置本地模式
      .getOrCreate()                          //创建会话变量
    val rdd =spark.sparkContext.parallelize(Array(1,2,3,4))
    import spark.implicits._
    val df =rdd.toDF("id")
    df.select("id").show()                   //选择"id"列
  }
}
```

打印结果如下。

```
+---+
| id |
```

```
+---+
| 1 |
| 2 |
| 3 |
| 4 |
+---+
```

如果是 selectExpr()方法,则代码如下。

```
import org.apache.spark.sql.SparkSession

object select {
  def main(args: Array[String]): Unit = {
    val spark = SparkSession
      .builder()                                //创建 Spark 会话
      .appName("Spark SQL basic example")       //设置会话名称
      .master("local")                          //设置本地模式
      .getOrCreate()                            //创建会话变量
    val rdd = spark.sparkContext.parallelize(Array(1, 2, 3, 4))
    import spark.implicits._
    val df = rdd.toDF("id")
    df.selectExpr("id as ID").show()            //设置了一个别名 ID
  }
}
```

具体结果请读者自行运行查看。

4.4.4 DataFrame 的收集行 collect()方法

collect()方法将已经存储的 DataFrame 数据从存储器中收集回来,并返回一个数组,包括 DataFrame 集合所有的行,其源码如下。

```
def collect(): Array[T]
```

Spark 的数据是分布式存储在集群上的,如果想获取一些数据在本机 Local 模式上操作,就需要将数据收集到 driver 驱动器中。collect()返回 DataFrame 中的全部数据,并返回一个 Array 对象,代码如程序 4-6 所示。

程序 **4-6** **collect()方法**

```
import org.apache.spark.sql.SparkSession

object collect {
  def main(args: Array[String]): Unit = {
    val spark = SparkSession
      .builder()                                //创建 Spark 会话
      .appName("Spark SQL basic example")       //设置会话名称
      .master("local")                          //设置本地模式
      .getOrCreate()                            //创建会话变量
    val rdd = spark.sparkContext.parallelize(Array(1, 2, 3, 4))
```

```
      import spark.implicits._
      val df =rdd.toDF("id")
      val arr =df.collect()
      println(arr.mkString("Array(", ", ", ")"))
    }
  }
```

注意　将数据收集到驱动器中，尤其是当数据集很大或者分区数据集很大时，很容易让驱动器崩溃。数据收集到驱动器中进行计算，就不是分布式并行计算了，而是串行计算，会更慢。所以，除了查看小数据，一般不建议使用。

除此之外，DataFrame 中还有一个 collectAsList()方法。其返回一个 Java 类型的数组，包含 DataFrame 集合所有的行，使用方法如程序 4-7 所示。

程序 4-7　collectAsList()方法

```
import org.apache.spark.sql.SparkSession

object collect {
  def main(args: Array[String]): Unit ={
    val spark =SparkSession
      .builder()                              //创建 Spark 会话
      .appName("Spark SQL basic example")     //设置会话名称
      .master("local")                        //设置本地模式
      .getOrCreate()                          //创建会话变量
    val rdd =spark.sparkContext.parallelize(Array(1,2,3,4))
    import spark.implicits._
    val df =rdd.toDF("id")
    val arr =df.collectAsList()
    println(arr)                              //返回类型为 List(Java)
  }
}
```

4.4.5　DataFrame 计算行数 count()方法

count()方法用来计算数据集 DataFrame 中行的个数，返回 DataFrame 集合的行数，使用方法如程序 4-8 所示。

程序 4-8　count()方法

```
import org.apache.spark.sql.SparkSession

object count {
  def main(args: Array[String]): Unit ={
    val spark =SparkSession
      .builder()                              //创建 Spark 会话
      .appName("Spark SQL basic example")     //设置会话名称
      .master("local")                        //设置本地模式
      .getOrCreate()                          //创建会话变量
```

```
    val rdd =spark.sparkContext.parallelize(Array(1,2,3,4))
    import spark.implicits._
    val df =rdd.toDF("id")
    println(df.count())                                    //计算行数
  }
}
```

最终结果如下。

```
4
```

4.4.6　DataFrame 限制输出 limit()方法

limit()方法用于限制输出,只留取 TopN 条数据,不是 Action 操作,具体使用方法如程序 4-9 所示。

程序 **4-9**　**limit**()方法

```
import org.apache.spark.sql.SparkSession

object count {
  def main(args: Array[String]): Unit = {
    val spark =SparkSession
      .builder()                              //创建 Spark 会话
      .appName("Spark SQL basic example")     //设置会话名称
      .master("local")                        //设置本地模式
      .getOrCreate()                          //创建会话变量
    val rdd =spark.sparkContext.parallelize(Array(1,2,3,4))
    import spark.implicits._
    val df =rdd.toDF("id")
    println(df.limit(2).show())              //限制输出
  }
}
```

打印结果如下。

```
+---+
| id |
+---+
| 1 |
| 2 |
```

从打印结果可以看出,这里计算了前两个数据,限制了输出的行数。

4.4.7　除去数据集中重复项的 distinct()方法

distinct()方法的作用是去除数据集中的重复项,返回一个不包含重复记录的 DataFrame,并且只能根据所有列来进行行去重。该方法和 dropDuplicates()方法不传入指定字段时的结果相同,使用方法如程序 4-10 所示。

程序 **4-10**　**distinct**()方法

```
import org.apache.spark.sql.SparkSession
```

```
object distinct {
  def main(args: Array[String]): Unit ={
    val spark =SparkSession
      .builder()                              //创建 Spark 会话
      .appName("Spark SQL basic example")     //设置会话名称
      .master("local")                        //设置本地模式
      .getOrCreate()                          //创建会话变量
    val rdd =spark.sparkContext.parallelize(Array(1,2,3,4,4,4,4,5,5,6))
                                              //有重复项的

    import spark.implicits._
    val df =rdd.toDF("id")
    val df2 =df.distinct()                    //去重
    println(df2.show())
  }
}
```

打印结果如下。

```
+---+
| id |
+---+
|  1 |
|  6 |
|  3 |
|  5 |
|  4 |
|  2 |
+---+
```

4.4.8　过滤数据的 filter()方法

filter()方法是一个比较常用的方法,用来按照条件过滤数据集。如果想选择 DataFrame 中某列数据大于或小于某数据,就可以使用 filter()方法。对于多个条件,可以将 filter()方法写在一起。

filter()方法接收任意一个函数作为过滤条件。行过滤的逻辑是先创建一个判断条件表达式,根据表达式生成 true 或 false,然后过滤使表达式值为 false 的行。filter()方法的具体使用如程序 4-11 所示。

程序 4-11　filter()方法

```
import org.apache.spark.sql.SparkSession

object fliter {
  def main(args: Array[String]): Unit ={
    val spark =SparkSession
      .builder()                              //创建 Spark 会话
      .appName("Spark SQL basic example")     //设置会话名称
      .master("local")                        //设置本地模式
      .getOrCreate()                          //创建会话变量
```

```
        val rdd =spark.sparkContext.parallelize(Array(1,2,3,4))
        import spark.implicits._
        val df =rdd.toDF("id")
        val df2 =df.filter("id>3")          //过滤 id 列大于 3 的数据(行)或 _ >=3
        println(df2.cache().show())         //打印结果
    }
}
```

具体结果请读者自行验证。这里需要说明的是,"_ >= 3"采用的是 Scala 编程中的编程规范,_的作用是作为占位符标记所有传过来的数据。在此方法中,数组的数据(1,2,3,4)依次传进来替代了占位符。

4.4.9　以整体数据为单位操作数据的 flatMap()方法

flatMap()方法是对 DataFrame 中的数据集进行整体操作的一个特殊方法,因为其在定义时是针对数据集进行操作的,因此最终返回的也是一个数据集。flatMap()方法首先将函数应用于此数据集的所有元素,然后将结果展平,从而返回一个新的数据集。应用程序如程序 4-12 所示。

程序 4-12　flatMap()方法

```
import org.apache.spark.sql.SparkSession

object flatmap {
  def main(args: Array[String]): Unit ={
    val spark =SparkSession
        .builder()                          //创建 Spark 会话
        .appName("Spark SQL basic example") //设置会话名称
        .master("local")                    //设置本地模式
        .getOrCreate()                      //创建会话变量
     val rdd = spark. sparkContext. parallelize (Seq ( "hello! spark", "hello!
hadoop"))
    import spark.implicits._
    val df =rdd.toDF("id")
    val x =df.flatMap(x =>x.toString().split("!")).collect()
    println(x.mkString("Array(", ", ", ")"))
  }
}
```

请读者参考 4.4.10 节的 map()方法,对它们的操作结果做一个比较。

4.4.10　以单个数据为目标进行操作的 map()方法

map()方法可以对 DataFrame 数据集中的数据进行逐个操作。它与 flatMap()的不同之处是,flatMap()是将数据集中的数据作为一个整体去处理,之后再对其中的数据做计算;map()则是直接对数据集中的数据做单独处理。map()方法的使用如程序 4-13 所示。

程序 4-13　map()方法

```
import org.apache.spark.sql.SparkSession
```

```
object testMap {
  def main(args: Array[String]): Unit ={
    val spark =SparkSession
        .builder()                                    //创建 Spark 会话
        .appName("Spark SQL basic example")           //设置会话名称
        .master("local")                              //设置本地模式
        .getOrCreate()                                //创建会话变量
    val rdd =spark.sparkContext.parallelize(Seq("hello!spark",
"hello!hadoop"))
    import spark.implicits._
    val df =rdd.toDF("id")
    df.map(x =>"str:"+x).show()
  }
}
```

提示：DataFrame 中有很多相似的方法和粗略的计算方法，需要读者细心地去挖掘。

4.4.11 分组数据的 groupBy()和 agg()方法

groupBy()方法是将传入的数据进行分组，依据是作为参数传入的计算方法。聚合操作调用的是 agg()方法，该方法有多种调用方式，一般与 groupBy()方法配合使用。在使用 groupBy()时，一般都是先分组再使用 agg()等聚合函数对数据进行聚合。groupBy()＋agg() 的使用方法如程序 4-14 所示。

程序 **4-14** **groupBy()方法**

```
import org.apache.spark.sql.SparkSession

object groupBy {
  def main(args: Array[String]): Unit ={
    val spark =SparkSession
        .builder()                                    //创建 Spark 会话
        .appName("Spark SQL basic example")           //设置会话名称
        .master("local")                              //设置本地模式
        .getOrCreate()                                //创建会话变量
    val df =spark.read.json("./src/people.json")
    df.groupBy("name").agg("age" ->"count").show()
  }
}
```

这里采用 groupBy()＋agg()的方法统计了 age()字段的条数。
在 GroupedData 的 API 中提供了 groupBy()之后的操作，例如：

- max(colNames：String＊)方法：获取分组中指定字段或者所有的数字类型字段的最大值，只能作用于数字型字段。
- min(colNames：String＊)方法：获取分组中指定字段或者所有的数字类型字段的最小值，只能作用于数字型字段。
- mean(colNames：String＊)方法：获取分组中指定字段或者所有的数字类型字段的平均值，只能作用于数字型字段。

- sum(colNames：String *)方法：获取分组中指定字段或者所有的数字类型字段的和值，只能作用于数字型字段。
- count 方法：获取分组中的元素个数。

这些都等同于 agg()方法。

4.4.12 删除数据集中某列的 drop()方法

drop()方法从数据集中删除某列，然后返回 DataFrame 类型，使用方法如程序 4-15所示。

程序 **4-15** drop()方法

```
import org.apache.spark.sql.SparkSession

object drop {
  def main(args: Array[String]): Unit = {
    val spark =SparkSession
        .builder()                              //创建 Spark 会话
        .appName("Spark SQL basic example")     //设置会话名称
        .master("local")                        //设置本地模式
        .getOrCreate()                          //创建会话变量
    val df =spark.read.json("./src/people.json")
    df.drop("age").show()                       //删除 age 列
  }
}
```

最终打印结果如下。

```
+-------+
|  name |
+-------+
|Michael|
|  Andy |
| Justin|
+-------+
```

这里也可以通过 select()方法来实现列的删除，不过建议使用专门的 drop()方法来实现——规范又显而易见，对于维护工作是最有效率的。

4.4.13 随机采样方法和随机划分方法

随机采样(sample()方法)是 DataFrame 中一个较为重要的数据处理方法，按照有放回或无放回的随机抽样方法抽取 DataFrame 中指定百分比的行作为样本，生成新的DataFrame。

程序 **4-16** sample()方法

```
import org.apache.spark.sql.SparkSession

object sample {
  def main(args: Array[String]): Unit = {
```

```
    val spark =SparkSession
        .builder()                                      //创建 Spark 会话
        .appName("Spark SQL basic example")             //设置会话名称
        .master("local")                                //设置本地模式
        .getOrCreate()                                  //创建会话变量
    val df =spark.read.json("./src/employees.json")
    df.sample(withReplacement =false,fraction =0.8,seed =10).show()
  }
}
```

打印结果如下。

```
//原结果,采样前
+-------+------+
| name   |salary |
+-------+------+
|Michael | 3000  |
| Andy   | 4500  |
| Justin | 3500  |
| Berta  | 4000  |
+-------+------+
//采样后结果
+----+------+
|name |salary |
+----+------+
|Andy | 4500  |
+----+------+
```

从结果中可以看出,sample()方法主要是对传入的数据进行随机采样处理。第一个参数表示是否放回(False 表示不放回);第二个参数表示采样比例,需要注意的是,结果不一定与比例的数值完全一致;第三个参数表示设定一个 seed,若 seed 不变,则每次运行得出的结果都一样。

除此之外,randomSplit()方法会按照传入的权重随机将一个 DataFrame 分为多个 DataFrame。传入 randomSplit()的数组有多少个权重,最终就会生成多少个 DataFrame,这些权重的加倍和应该为 1,否则将被标准化。这常用在机器学习生成训练集、测试集、验证集的时候。同随机采样一样,需要指定随机的 seed。

程序 4-17 **randomSplit()方法**

```
import org.apache.spark.sql.SparkSession

object randomSplit {
  def main(args: Array[String]): Unit ={
    val spark =SparkSession
        .builder()                                      //创建 Spark 会话
        .appName("Spark SQL basic example")             //设置会话名称
        .master("local")                                //设置本地模式
        .getOrCreate()                                  //创建会话变量
```

```
    val df =spark.range(15).toDF()
    val dataFrames =df.randomSplit(Array(0.25, 0.75), seed =10)
                                                    //按比例划分
    dataFrames(0).show()
    dataFrames(1).show()
  }
}
```

4.4.14 排序类型操作的 sort()和 orderBy()方法

sort()方法也是一个常用的排序方法,主要功能是对已有的 DataFrame 重新排序,并将重新排序后的数据生成一个新的 DataFrame,其源码如下。

```
def sort(sortCol: String, sortCols: String * ): Dataset[T]
```

其中,sort()方法主要接收一个或多个列表达式或列 string 作为参数。sort()方法默认是升序排列,如加"一"表示降序排序。

程序 4-18　sort()方法

```
import org.apache.spark.sql.SparkSession

object sort {
  def main(args: Array[String]): Unit ={
    val spark =SparkSession
      .builder()                          //创建 Spark 会话
      .appName("Spark SQL basic example")  //设置会话名称
      .master("local")                     //设置本地模式
      .getOrCreate()                       //创建会话变量
    val df =spark.read.json("./src/people.json")
    df.sort(df("age").desc).show()         //降序
  }
}
```

其实 orderBy()是 sort()的别名,所以它们所实现的功能是一样的。也可以对字符串类型的数据进行同样的操作。

最终显示结果如下。

```
//结果展示
+----+-------+
| age | name  |
+----+-------+
| 30 | Andy   |
| 19 | Justin |
|null |Michael |
+----+-------+
```

注意　可以使用 asc_nulls_first、desc_nulls_first、asc_nulls_last、desc_nulls_last 指明排序结果中缺失值是在前还是在后。

4.4.15　DataFrame 和 DataSet 以及 RDD 之间的相互转换

我们已经知道了 DataFrame ＝ RDD[Row] ＋ shcema 以及 DataFrame＝DataSet[Row]，所以它们的关系是清楚的。有些时候需要把它们做相应的转换处理，如程序 4-19 所示。

程序 4-19　testds_df_rdd()方法

```scala
import org.apache.spark.sql.SparkSession

object testds_df_rdd {
  def main(args: Array[String]): Unit ={
    val spark =SparkSession
      .builder()                                    //创建 Spark 会话
      .appName("Spark SQL basic example")           //设置会话名称
      .master("local")                              //设置本地模式
      .getOrCreate()                                //创建会话变量
    import spark.implicits._
    val df =spark.read.json("./src/people.json")
    val rdd =spark.sparkContext.parallelize(Array(1,2,3,4))
    case class Person(name:String,age:Long)
    val rdd1 =df.rdd                                //df->rdd
    val ds =df.as[Person]                           //df->ds
    val df1 =ds.toDF()                              //ds->df
    val rdd2 =ds.rdd                                //df->rdd
    val df2 =rdd.toDF("id")                         //rdd->df
    val ds2 =rdd.map(x=>Person(x.toString,x)).toDS() //rdd->ds
  }
}
```

RDD、DataFrame 和 DataSet 的转换原则是：RDD 是最基础的数据类型，在向上转换时，需要添加必要的信息；DataFrame 在向上转换时，本身包含结构信息，只添加类型信息即可；DataSet 作为最上层的抽象，可以直接向下转换其他对象。注意，DataFrame、DataSet 和 RDD 之间转换需要 import spark.implicits._包的支持。

　RDD 转 DataFrame 可以使用反射来推断 schema，不必自己写。通常内置查询优化功能，所以建议尽可能使用 DataFrame。

小结

Spark 框架的基本数据底层结构是 RDD，但对其操作比较复杂。DataFrame 是 Spark 机器学习的数据结构基础。掌握了 DataFrame 的 API 基本方法和基本操作，能够帮助广大的程序设计人员更好地设计出符合需求的算法和程序。

本章主要讲解了 DataFrame 的基本工作原理和特性，介绍了 DataFrame 的好处和不足之处，这些都是读者在使用中需要注意的地方。DataFrame API 能够提高 Spark 的性能和扩展性，避免了构造 DataSet 中每一行的对象，因为 DataFrame 统一为 Row 对象，造成 GC 的代价。DataFrame API 不同于 RDD API，它能构建关系型查询，将更加有利于熟悉执行计划的开发人员。

第5章 Spark机器学习基础

ML 是 Spark 提供的处理机器学习方面的功能库,该库包含许多机器学习算法,开发者可以基于这些模型开发出相关应用程序。本章将介绍 Spark ML 基本知识和典型机器学习模型开发的一般流程以及 ML 数理统计方面的概念,从而为 Spark 机器学习模型开发和应用打下良好基础。

本章学习目标

- 机器学习概述
- Spark ML 介绍
- ML 基础概念
- ML 数理统计基础概念

5.1 机器学习概述

5.1.1 机器学习介绍

机器学习是一类算法的总称,这些算法企图从大量历史数据中挖掘出其中隐含的规律,并用于预测或者分类。更具体地说,机器学习可以看作寻找一个函数,输入是样本数据,输出是期望的结果,只是这个函数过于复杂,以至于不太方便形式化表达。需要注意的是,机器学习的目标是使学到的函数很好地适用于"新样本",而不仅是在训练样本上表现很好。学到的函数适用于新样本的能力,称为泛化(Generalization)能力。

机器学习的一般步骤如下。

(1)选择一个合适的模型。这通常需要依据实际问题而定,针对不同的问题和任务需要选取恰当的模型,模型就是一组函数的集合。

(2)判断一个函数的好坏。这需要确定一个衡量标准,也就是通常说的损失函数(Loss

Function),损失函数的确定也需要依据具体问题而定,如回归问题一般采用欧氏距离,分类问题一般采用交叉熵代价函数。

(3)找出"最好"的函数。如何从众多函数中最快地找出"最好"的那一个,这一步是最大的难点,做到又快又准往往不是一件容易的事情。常用的方法有梯度下降算法、最小二乘法等和其他一些技巧。

学习得到"最好"的函数后,需要在新样本上进行测试,只有在新样本上表现很好,才算是一个"好"的函数。基于其与经验、环境,或者任何我们称之为输入数据的相互作用,一个算法可以用不同的方式对一个问题建模。常见的算法可以划分为以下三大类。

(1)监督学习:输入数据被称为训练数据,它们有已知的标签或者结果,如垃圾邮件/非垃圾邮件或者某段时间的股票价格。模型的参数确定需要通过一个训练的过程,在这个过程中模型将会要求做出预测,当预测不符时,则需要做出修改。

(2)无监督学习:输入数据不带标签或者没有一个已知的结果。通过推测输入数据中存在的结构来建立模型。这类问题的例子有关联规则学习和聚类。算法的例子如 Apriori 算法和 K-means 算法。

(3)半监督学习:输入数据由带标记的和不带标记的组成。合适的预测模型虽然已经存在,但模型在预测的同时还必须能通过发现潜在的结构来组织数据。这类问题包括分类和回归。典型算法包括对一些其他灵活的模型的推广,这些模型都对如何给未标记数据建模做出了一些假设。

目前一个热门话题是半监督学习,如应用在图像分类中,涉及的数据集很大但是只包含极少数标记的数据。通常会把算法按照功能和形式的相似性来区分,例如,树结构和神经网络的方法。这是一种有用的分类方法,但也不是完美的。仍然有些算法很容易就可以被归入好几个类别,如学习矢量量化,它既是受启发于神经网络的方法,又是基于实例的方法。也有一些算法的名字既描述了它处理的问题,也是某一类算法的名称,如回归和聚类。正因为如此,读者可以从不同的来源看到对算法进行不同的归类。就像机器学习算法自身一样,没有完美的模型,只有足够好的模型。

随着大数据的发展,人们对大数据的处理要求也越来越高,原有的批处理框架 MapReduce 适合离线计算(在 MapReduce 中,由于其分布式特性——所有数据需要读写磁盘、启动 Job 耗时较大,难以满足时效性要求),却无法满足实时性要求较高的业务,如实时推荐、用户行为分析等。Spark 是一个类似 MapReduce 的分布式计算框架,其核心是弹性分布式数据集,提供了比 MapReduce 更丰富的模型,可以快速在内存中对数据集进行多次迭代,以支持复杂的数据挖掘算法和图形计算算法。

5.1.2 机器学习架构和分类

机器学习(Machine Learning)通过算法,使用历史数据进行训练,训练完成后会产生模型。未来当有新的数据提供时,可以使用训练产生的模型进行预测。

机器学习训练用的数据是由 Feature、Label 组成的。

· Feature:数据的特征,例如,湿度、风向、风速、季节、气压。

- Label：数据的标签，也就是我们希望预测的目标，例如，降雨（0.不会下雨，1.会下雨）、天气（1.晴天，2.雨天，3.阴天，4.下雪）、气温。

如图 5-1 所示，机器学习可分为以下两个阶段。

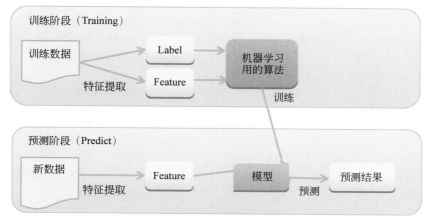

图 5-1 　机器学习的两个阶段

（1）训练阶段（Training）。

训练数据是过去累积的历史数据，可能是文本文件、数据库或其他来源。经过 Feature Extraction（特征提取），产生 Feature（数据特征）与 Label（预测目标），然后经过机器学习算法的训练后产生模型。

（2）预测阶段（Predict）。

新输入数据，经过 Feature Extraction（特征提取）产生 Feature（数据特征），使用训练完成的模型进行预测，最后产生预测结果。

对于有监督的学习（Supervised Learning），从现有数据希望预测的答案有下列分类。

（1）二元分类。

已知湿度、风向、风速、季节、气压等数据特征，希望预测当天是否会下雨（0. 不会下雨，1. 会下雨）。因为希望预测的目标 Label 只有两种选项，所以就像是非题。

（2）多元分类。

已知湿度、风向、风速、季节、气压等数据特征，希望预测当天的天气（1. 晴天，2. 雨天，3. 阴天，4. 下雪）。因为希望预测的目标 Label 有多个选项，所以就像选择题。

（3）回归分析。

已知湿度、风向、风速、季节、气压等数据特征，希望预测当天的气温。因为希望预测的目标 Label 是连续值，所以就像是计算题。

对于无监督的学习（Unsupervised Learning），从现有数据不知道要预测的答案，所以没有 Label（预测目标）。Clustering 聚类分析的目的是将数据分成几个相异性最大的群组，而群组内的相似性最高。

根据上述内容可以整理出如表 5-1 所示的内容。

表 5-1　机器学习分类表

分　类	算　　法	Feature（特征）	Label（预测目标）
有监督的学习	二元分类 （Binary Classification）	湿度、风向、风速、季节、气压……	只有 0 与 1 选项（是非题） 0.不会下雨，1. 会下雨
	多元分类 （Multi-Class Classification）	湿度、风向、风速、季节、气压……	有多个选项（选择题） 1.晴天，2.雨天，3.阴天，4.下雪
	回归分析 （Regression）	湿度、风向、风速、季节、气压……	值是数值（计算题） 温度可能是 −50℃～50℃ 的范围
无监督的学习	聚类分析 （Clustering）	湿度、风向、风速、季节、气压……	无 Label Clustering 聚类分析，目的是将数据分成几个相异性最大的群组，而群组内的相似性最高

机器学习分类可以整理成如图 5-2 所示。

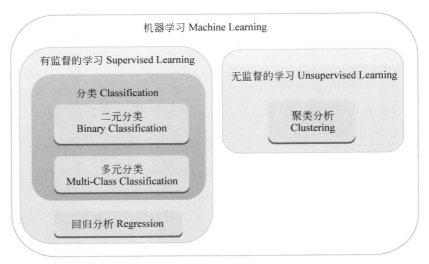

图 5-2　机器学习分类图

如图 5-3 所示，机器学习程序的运行可分为下列几个阶段。

1. 数据准备阶段

原始数据（可能是文本文件、数据库或其他来源）经过数据转换，提取特征字段与标签字段，产生机器学习所需要的格式，然后将数据以随机方式分为三部分（trainData、validationData、testData）并返回数据，供下一阶段训练评估使用。

2. 训练评估阶段

使用 trainData 数据进行训练，并产生模型，然后使用 validationData 验证模型的准确率。这个过程要重复很多次才能够找出最佳的参数组合。评估方式：二元分类使用 AUC、多元分类使用 accuracy、回归分析使用 RMSE。训练评估完成后，会产生最佳模型 bestModel。

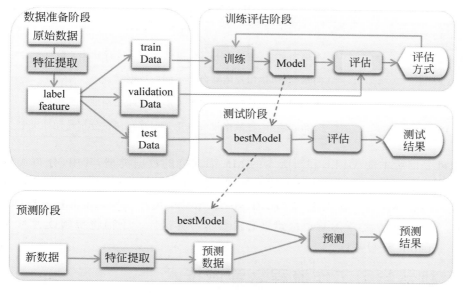

图 5-3 机器学习程序的运行架构

3. 测试阶段

之前阶段产生了最佳模型 bestModel,我们会使用另外一组数据 testData 再次测试,以避免 overfitting 的问题。如果训练评估阶段准确度很高,但是测试阶段准确度很低,代表可能有 overfitting 的问题。如果测试与训练评估阶段的结果准确度差异不大,代表无 overfitting 的问题。

4. 预测阶段

新输入数据,经过 Feature Extraction(特征提取)产生 Feature(数据特征),使用训练完成的最佳模型 bestModel 进行预测,最后产生预测结果。

5.2 ML 基本数据类型

DataFrame 即 DataSet[Row],是 ML 专用的数据格式。DataFrame 从 API 上借鉴了 R 和 Pandas 中 DataFrame 的概念,是业界标准结构化数据处理 API。DataFrame 的数据抽象是命名元组,代码里是 Row 类型,结合了过程化编程和声明式的 API,让用户能用过程化编程的方法处理结构化数据。它参考了 Scala 函数式编程思想,并大胆引入统计分析概念,将存储数据转换成向量和矩阵的形式进行存储和计算,即将数据定量化表示,能更准确地整理和分析结果。本节将介绍这些基本的数据类型及其用法。

5.2.1 数据类型

ML 支持较多的数据格式,从最基本的 Spark 数据集 DataFrame 到部署在集群中的向量和矩阵,同时还支持部署在本地计算机中的本地化格式,如表 5-2 所示。

表 5-2　ML 基本数据类型

类 型 名 称	释　　义
Local vector	本地向量集,主要向 Spark 提供一组可进行操作的数据集合
Labeled point	向量标签,让用户能够分类不同的数据集合
Local matrix	本地矩阵,将数据集合以矩阵形式存储在本地计算机中
Distributed matrix	分布式矩阵,将数据集合以矩阵形式存储在分布式计算机中

以上就是旧版本的 MLlib 和新版本的 ML 都支持的数据类型,其中,分布式矩阵根据不同的作用和应用场景又分为 4 种不同的类型。新旧版本的使用方法基本相同,只不过所在的文件夹(包)不同——新版本的 ML 在 spark.ml.linalg 中。Spark 3.5 基于 DataFrame 的高层次 API,通过机器学习管道构建整套机器学习算法库。下面将带领读者对 ML 包的管道组件 Pipeline 进行解读。

5.2.2　机器学习工作流程之管道技术

使用 Pipeline,跟 sklearn 库一样,可以把很多操作(算法/特征提取/特征转换)以管道的形式串起来,然后让数据在这个管道中流动。它对机器学习算法的 API 进行了标准化,以便更轻松地将多种算法组合到单个管道或工作流中。

有了 Pipeline 之后,ML 更适合创建包含从数据清洗到特征工程再到模型训练等一系列工作。在 ML 中,无论是什么模型都提供了统一的算法操作接口,例如,模型训练都是 fit()。

5.2.3　管道中的主要概念

我们需要了解 ML 管道技术中的一些基本概念,有了对这些组件概念的理解,才能把机器学习的构建和处理写得"行云流水"般的顺畅。

(1) DataFrame:数据源,本是 Spark SQL 中格式的概念,可以容纳多种数据类型,即用来保存数据。例如,一个 DataFrame 可以存储文本、特征向量、真实标签和预测值的不同列。可以说,所有的管道 API 都是基于 DataFrame 之上的。这种格式在前两章已经解释得非常透彻,这里不再赘述。

(2) Transformer:转换器,也是一种算法,可以将一个 DataFrame 转换为另一个 DataFrame。例如,ML 模型的作用是 Transformer 将具有特征的 DataFrame 转换为具有预测的 DataFrame,即负责将特征 DataFrame 转换为一个包含预测值的 DataFrame。Transformer 是包含特征转换器和学习模型的抽象。通常情况下,转换器实现了一个 transform 方法,该方法通过给 DataFrame 添加一个或者多个列来将一个 DataFrame 转换为另一个 DataFrame。例如,一个训练好的模型就是一个 Transformer,它可以获取一个 DataFrame,读取包含特征向量的列,为每一个特征向量预测一个标签,然后生成一个包含预测标签列的新 DataFrame。也可以获取一个 DataFrame,读取一列(例如,text),然后将其映射成一个新的列(例如,特征向量)并输出一个新的 DataFrame(追加了转换生成的列)。

(3) Estimator:通俗地说,就是根据训练样本进行模型训练(fit),并且得到一个对应的 Transformer。例如,一个学习算法(如 PCA、SVM、LogisticRegression)是一个 Estimator,

通过 fit 方法训练 DataFrame 并产生模型 Transformer。

（4）Pipeline：管道。Pipeline 将多个 Transformer 和 Estimator 连接起来按顺序执行以确定一个机器学习的工作流程。一个 Pipeline 在结构上会包含一个或多个 Stage，每一个 Stage 都会完成一个任务，如数据集处理转换、模型训练、参数设置或数据预测等。这样的 Stage 在 ML 里按照处理问题类型的不同会有相应的定义和实现。其中两个主要的 Stage 是 Transformer 和 Estimator。

（5）Parameter：所有 Transformer 和 Estimator 共享一个通用 API，用于指定参数，例如，设置一些训练参数等。

5.3　ML 数学基础

机器学习实战中涉及较多数学运算对应的数学分支是数理统计，它研究如何有效地收集、整理和分析受随机因素影响的数据，并对所考虑的问题做出推断或预测，为采取某种决策和行动提供依据或建议。

ML 中提供了一些基本的数理统计方法，可以帮助用户更好地对结果进行处理和计算。目前，ML 数理统计的方法包括一些基本的内容和常规统计方法，可以在做进一步处理之前对整体数据集有一个理性的了解，也就是数据分析，以便后续处理时提高处理的效率以及准确性。在后续的讲解中，还会补充更多的、可用在分布式框架中的数理统计量。

5.3.1　统计指标

在数理统计中，基本统计量包括数据的平均值、方差、标准差等，这些是描述数据特征的基本统计量。在 ML 中，统计量的计算主要用到 stat 类库，包括如表 5-3 所示的内容。

表 5-3　ML 中基本统计量

类型名称	释　　义
summarizer	以列为基础计算统计量的基本数据
chiSqTest	对数据集内的数据进行皮尔逊距离计算，根据参量的不同，返回值格式有所差异
corr	对两个数据集进行相关系数计算，根据参量的不同，返回值格式有所差异

stat 类库中不同的方法代表不同的统计量求法，后面根据不同的内容分别加以介绍。在 Spark 3.5 中，SQL 库里有一套类似的统计方法，即 sql.DataFrameStatFunctions，它是基于 DataFrame 的，有兴趣的读者可以了解一下。

5.3.2　统计量基本数据

summarizer 是 stat 类库计算基本统计量的方法，需要注意其工作和计算是以 DataFrame 的列为基础进行的，调用不同的方法可以获得不同的统计量值，可用指标是按列计算的最大值、最小值、平均值、总和、方差、标准差和非零值的数量以及总计数。其方法如

表 5-4 所示。

表 5-4 ML 中统计量基本数据

方 法 名 称	释 义	方 法 名 称	释 义
count	行内数据个数	numNonzeros	不包含 0 值的个数
max	最大数值单位	variance	方差
min	最小数值单位	sum	总和
normL1	欧几里得距离	std	标准差
normL2	曼哈顿距离	mean	平均值

这里需要求数据的均值和标准差,首先在 C 盘建立名为 testSummary.txt 的文本文件,然后加入如下一组数据。

```
(Vectors.dense(2.0, 3.0, 5.0), 1.0)
(Vectors.dense(4.0, 6.0, 7.0), 2.0)
```

程序代码如程序 5-1 所示。

程序 5-1　求数据的均值和方差

```
import org.apache.spark.ml.linalg.{Vector, Vectors}
import org.apache.spark.ml.stat.Summarizer
import org.apache.spark.sql.SparkSession

object SummarizerExample {
  def main(args: Array[String]): Unit ={
    val spark =SparkSession
        .builder                                //创建 Spark 会话
        .master("local")                        //设置本地模式
        .appName("SummarizerExample")           //设置名称
        .getOrCreate()                          //创建会话变量

    import spark.implicits._
    import Summarizer._

    //创建数据 Vector 格式
    val data =Seq(
        (Vectors.dense(2.0, 3.0, 5.0), 1.0),
        (Vectors.dense(4.0, 6.0, 7.0), 2.0)
    )
    //转换 DF 格式
    val df =data.toDF("features", "weight")
    //计算均值、方差、有权重列
    val (meanVal, varianceVal) =df.select(metrics("mean", "variance")
        .summary($"features", $"weight").as("summary"))
        .select("summary.mean", "summary.variance")
        .as[(Vector, Vector)].first()
```

```
  println(s"with weight: mean =${meanVal}, variance =${varianceVal}")
  //计算均值、方差、无权重列
  val (meanVal2, varianceVal2) = df.select(mean($"features"), variance($
"features"))
      .as[(Vector, Vector)].first()

  println(s"without weight: mean =${meanVal2}, sum =${varianceVal2}")
  spark.stop()
  }
}
```

程序的运行结果如下。

```
with weight: mean =[3.333333333333333, 5.0, 6.333333333333333], variance =
[2.000000+000000001,4.5,2.000000000000001]
without weight: mean =[3.0,4.5,6.0], variance =[2.0,4.5,2.0]
```

从结果可以看出，summary 的实例将计算列数据的内容并存储和打印结果，供下一步的数据分析使用。

5.3.3　距离计算

除了一些基本统计量的计算外，summarizer 方法中还包括两种距离的计算，分别是 normL1 和 normL2，代表欧几里得距离和曼哈顿距离。这两种距离是用以表达数据集内部数据长度的常用算法。

欧几里得距离是一个常用的距离定义，指在 m 维空间中两个点之间的真实距离或者向量的自然长度（该点到原点的距离）。其一般公式如下。

$$x = \sqrt{x_1^2 + x_2^2 + x_3^2 + \cdots + x_n^2}$$

曼哈顿距离用来标明两个点在标准坐标系上的绝对轴距总和，公式如下。

$$x = x_1 + x_2 + x_3 + \cdots + x_n$$

根据上述两个公式分别计算欧几里得距离和曼哈顿距离（以 $(1,2,3,4,5)$ 为例）。

曼哈顿距离：

$$nomL1 = 1 + 2 + 3 + 4 + 5 = 15$$

欧几里得距离：

$$nomL2 = \sqrt{1^2 + 2^2 + 3^3 + 4^4 + 5^5} \approx 7.416$$

以上是距离的理论算法，实际代码如程序 5-2 所示。

程序 5-2　**SummarizerExample1.scala**

```
import org.apache.spark.ml.linalg.{Vector, Vectors}
import org.apache.spark.ml.stat.Summarizer
import org.apache.spark.sql.SparkSession

object SummarizerExample1 {
  def main(args: Array[String]): Unit ={
    val spark =SparkSession
```

```
        .builder                                    //创建 Spark 会话
        .master("local")                            //设置本地模式
        .appName("SummarizerExample1")              //设置名称
        .getOrCreate()                              //创建会话变量

    import Summarizer._
    import spark.implicits._

    //创建数据 Vector 格式
    val data = Seq(
        (Vectors.dense(2.0, 3.0, 5.0), 1.0),
        (Vectors.dense(4.0, 6.0, 7.0), 2.0)
    )
    //转换 DF 格式
    val df = data.toDF("features", "weight")

    //计算曼哈顿距离、欧几里得距离、无权重列
    val (meanVal2, varianceVal2) = df.select(normL1($"features"), normL2($
    "features"))
        .as[(Vector, Vector)].first()

    println(s"without weight: normL1 = ${meanVal2}, normL2 = ${varianceVal2}")


    spark.stop()
  }
}
```

打印结果如下。

```
normL1 = [6.0,9.0,12.0],
normL2 = [4.47213595499958,6.708203932499369,8.602325267042627]
```

5.3.4　两组数据相关系数计算

反映两个变量间线性相关关系的统计指标称为相关系数。相关系数是一种用来反映变量之间相关关系密切程度的统计指标,在现实中一般用于对两组数据的拟合和相似程度进行定量化分析,研究变量之间的线性相关程度。常用的一般是皮尔逊相关系数,ML 中默认的相关系数求法也是使用皮尔逊相关系数法。斯皮尔曼相关系数用得比较少,但是能够较好地反映不同数据集的趋势程度,因此在实践中还是有应用空间的。

皮尔逊相关系数计算公式如下。

$$\rho_{xy} = \frac{\sum (x - \bar{x})(y - \bar{y})}{\sqrt{\sum (x - \bar{x})^2 \sum (y - \bar{y})^2}}$$

ρ_{xy} 就是相关系数值,这里讲得更加深奥一点,皮尔逊相关系数按照线性数学的角度来理解,它比较复杂,可以看作两组数据的向量夹角的余弦,用来描述两组数据的分开程度。

皮尔逊相关系数算法也在 stat 包中,使用指定的方法计算向量的输入数据集的相关矩

阵。输出将是一个包含向量列的相关矩阵的 DataFrame。具体使用如程序 5-3 所示。

程序 5-3　**CorrelationExample.scala**

```scala
import org.apache.spark.ml.linalg.{Matrix, Vectors}
import org.apache.spark.ml.stat.Correlation
import org.apache.spark.sql.Row
import org.apache.spark.sql.SparkSession

object CorrelationExample {

  def main(args: Array[String]): Unit = {
    val spark = SparkSession
        .builder                                      //创建 Spark 会话
        .master("local")                              //设置本地模式
        .appName("CorrelationExample")                //设置名称
        .getOrCreate()                                //创建会话变量
    import spark.implicits._

    //数据相关矩阵
    val data = Seq(
        Vectors.sparse(4, Seq((0, 1.0), (3, -2.0))),
        Vectors.dense(4.0, 5.0, 0.0, 3.0),
        Vectors.dense(6.0, 7.0, 0.0, 8.0),
        Vectors.sparse(4, Seq((0, 9.0), (3, 1.0)))
    )

    val df = data.map(Tuple1.apply).toDF("features")
    val Row(coeff1: Matrix) = Correlation.corr(df, "features").head
    println(s"Pearson correlation matrix:\n $coeff1")
    val Row(coeff2: Matrix) = Correlation.corr(df, "features", "spearman").head
    println(s"Spearman correlation matrix:\n $coeff2")

    spark.stop()
  }
}
```

在程序 5-3 中，先在 C 盘下建立不同的数据集合。作为示例数据，内容如下。

```
Vectors.dense(4.0, 5.0, 0.0, 3.0),
Vectors.dense(6.0, 7.0, 0.0, 8.0),
```

这是两组不同的数据值，根据皮尔逊相关系数计算法，最终计算结果如下。

```
Pearson correlation matrix:
1.0                   0.055641488407465814  NaN  0.4004714203168137
0.055641488407465814  1.0                   NaN  0.9135958615342522
NaN                   NaN                   1.0  NaN
0.4004714203168137    0.9135958615342522    NaN  1.0
```

对于斯皮尔曼相关系数的计算，其计算公式如下。

$$\rho_{xy} = 1 - \frac{6\sum(x_i - y_i)^2}{n(n^2 - 1)}$$

其中,n 为数据个数。同样地,ρ_{xy}是相关系数值,其使用方法就是在程序中向 corr() 方法显式地标注使用斯皮尔曼相关系数,程序代码如程序 5-4 所示。

程序 5-4　**CorrelationExample.scala**

```scala
import org.apache.spark.ml.linalg.{Matrix, Vectors}
import org.apache.spark.ml.stat.Correlation
import org.apache.spark.sql.Row
import org.apache.spark.sql.SparkSession

object CorrelationExample {

  def main(args: Array[String]): Unit = {
    val spark = SparkSession
        .builder                                      //创建 Spark 会话
        .master("local")                              //设置本地模式
        .appName("CorrelationExample")                //设置名称
        .getOrCreate()                                //创建会话变量
    import spark.implicits._

    //数据相关矩阵
    val data = Seq(
        Vectors.sparse(4, Seq((0, 1.0), (3, -2.0))),
        Vectors.dense(4.0, 5.0, 0.0, 3.0),
        Vectors.dense(6.0, 7.0, 0.0, 8.0),
        Vectors.sparse(4, Seq((0, 9.0), (3, 1.0)))
    )

    val df = data.map(Tuple1.apply).toDF("features")
    val Row(coeff1: Matrix) = Correlation.corr(df, "features").head
    println(s"Pearson correlation matrix:\n $coeff1")

    val Row(coeff2: Matrix) = Correlation.corr(df, "features", "spearman").head
    println(s"Spearman correlation matrix:\n $coeff2")

    spark.stop()
  }
}
```

从程序实例中可以看到,向 corr() 方法显式地标注了使用斯皮尔曼相关系数。
最终计算结果如下。

```
Spearman correlation matrix:
1.0                    0.10540925533894598  NaN  0.4
0.10540925533894598    1.0                       NaN  0.9486832980505139
NaN                    NaN                       1.0  NaN
0.4                    0.9486832980505139   NaN  1.0
```

提示:不同的相关系数有不同的代表意义。皮尔逊相关系数代表两组数据的余弦分开程度,表示随着数据量的增加两组数据差别将增大。斯皮尔曼相关系数更注重两组数据的拟合程度,即两组数据随数据量增加而增长曲线不变。

5.3.5　分层抽样

分层抽样是一种数据提取算法,先将总体单位按某种特征分为若干次级总体(层),然后从每一层内进行单纯随机抽样,组成一个样本的统计学计算方法。这种方法以前常常用于数据量比较大、计算处理非常不方便进行的情况下。

一般地,在抽样时,将总体分成互不交叉的层,然后按一定的比例从各层次独立地抽取一定数量的个体,将各层次取出的个体合在一起作为样本,这种抽样方法是一种分层抽样。

在 ML 中,使用 Map 作为分层抽样的数据标记。一般情况下,Map 的构成是[key, value]格式,key 作为数据组,而 value 作为数据标签进行处理。

举例来说,一组数据中有成年人和小孩,可以将其根据年龄进行分组,将每个字符串中含有三个字符的标记为 1、含有两个字符的标记为 2,再根据其数目进行分组。

具体例子如程序 5-5 所示。

程序 5-5　StratifiedSampling.scala

```scala
import org.apache.spark.sql.SparkSession
import org.apache.spark.mllib.stat.Statistics
import org.apache.spark.rdd.PairRDDFunctions
import org.apache.spark.sql.DataFrameStatFunctions

object StratifiedSamplingExample {
  def main(args: Array[String]): Unit = {
    val spark = SparkSession
        .builder                                    //创建 Spark 会话
        .master("local")                            //设置本地模式
        .appName("StratifiedSamplingExample")       //设置名称
        .getOrCreate()                              //创建会话变量

    import spark.implicits._

    val data =
        Seq((1, 1.0), (1, 1.0), (1, 1.0), (2, 1.0), (2, 1.0), (3, 1.0))

    val stat = data.toDF().rdd.keyBy(_.getInt(0))

    //确定每一组的抽样分数
    val fractions = Map(1 -> 1.0, 2 -> 0.6, 3 -> 0.3)

    //得到每一组的近似抽样
    val approxSample1 = stat.sampleByKey(withReplacement = false, fractions =
    fractions)

    println(s"approxSample size is ${approxSample1.collect().size}")
    approxSample1.collect().foreach(println)
```

```
    }
  }
```

当 withReplacement 为 false 时表示不重复抽样。当 withReplacement 为 true 时,采用 PoissonSampler 取样器;当 withReplacement 为 false 时,采用 BernoulliSampler 取样器。fractions 表示在层 1 中抽的百分比、在层 2 中抽的百分比等。根据传送进入的配置,可以获得如下打印结果。

```
approxSample size is 5
(1,[1,1.0])
(1,[1,1.0])
(1,[1,1.0])
(2,[2,1.0])
(3,[3,1.0])
```

5.3.6 假设检验

在前面介绍了几种验证方法,对于数据结果的好坏,需要一个能够反映和检验结果正确与否的方法。假设检验是根据一定的假设条件,由样本推断总体的一种统计学方法。其基本思路是先提出假设(虚无假设),使用统计学方法进行计算,根据计算结果判断是否拒绝假设。常用的假设检验方法有卡方检验、T 检验。假设检验是统计中有力的工具,用于判断一个结果是否在统计上是显著的,这个结果是否有机会发生。Spark ML 目前支持 Perason 卡方(χ^2)的独立性检验。

卡方检验是一种常用的假设检验方法,能够较好地对数据集之间的拟合度、相关性和独立性进行验证。ML 规定常用的卡方检验使用的数据集一般为向量和矩阵。

卡方检验在现实中使用较多,最早是用于抽查检测工厂合格品概率,在网站分析中一般用作转换率等指标的计算和衡量。

假设检验程序示例参见程序 5-6。

程序 5-6 **ChiSquareTestExample.scala**

```scala
import org.apache.spark.ml.linalg.{Vector, Vectors}
import org.apache.spark.ml.stat.ChiSquareTest
import org.apache.spark.sql.SparkSession

object ChiSquareTestExample {

  def main(args: Array[String]): Unit = {
    val spark = SparkSession
        .builder                                  //创建 Spark 会话
        .master("local")                          //设置本地模式
        .appName("ChiSquareTestExample")          //设置名称
        .getOrCreate()                            //创建会话变量
    import spark.implicits._

    //创建数据集
```

```
val data =Seq(
    (0.0, Vectors.dense(0.5, 10.0)),
    (0.0, Vectors.dense(1.5, 20.0)),
    (1.0, Vectors.dense(1.5, 30.0)),
    (0.0, Vectors.dense(3.5, 30.0)),
    (0.0, Vectors.dense(3.5, 40.0)),
    (1.0, Vectors.dense(3.5, 40.0))
)
//转换格式
val df =data.toDF("label", "features")

//转换数据
val chi =ChiSquareTest.test(df, "features", "label").head
println(s"pValues =${chi.getAs[Vector](0)}")
println(s"degreesOfFreedom ${chi.getSeq[Int](1).mkString("[", ",", "]")}")
println(s"statistics ${chi.getAs[Vector](2)}")
//打印结果

spark.stop()
  }
}
```

在程序 5-6 中,ChiSquareTest 对标签的每个特征进行 Pearson 独立性测试。对于每个特征,(特征,标签)对被转换为卡方统计量已经计算好的列联矩阵。所有标签和特征值都必须是分类的。返回一个 DataFrame 包含针对标签的每个特征的测试结果。此 DataFrame 将包含具有以下字段的单个行。其打印结果如下。

```
pValues =[0.6872892787909721,0.6822703303362126]
degreesOfFreedom [2,3]
statistics [0.75,1.5]
```

从结果可以看到,假设检验的输出结果包含三个数据,分别为自由度、P 值以及统计量,其具体说明如表 5-5 所示。

表 5-5　假设检验常用术语

术　　语	说　　明
自由度	总体参数估计量中变量值独立自由变化的数目
统计量	不同方法下的统计量,对应每一种类别
P 值	显著性差异指标
方法	卡方检验使用方法

在程序 5-6 中,卡方检验使用皮尔逊计算法对数据集进行计算,得到最终结果 P 值。一般情况下,$P<0.05$ 是指数据集不存在显著性差异。

提示:在这个例子中,为了举例方便而使用了较少的数据集,读者可以尝试建立更多的数据集对其进行计算。关于卡方检验,它可以实现适配度检测和独立性检测。适配度检测验证观察值的次数分配与理论值是否相等,独立性检测验证两个变量抽样到的观察值是否相互独立。

5.3.7 随机数

随机数是统计分析中常用的一些数据文件，一般用来检验随机算法和执行效率等。在 Scala 和 Java 语言中提供了大量的随机数 API，以随机生成各种形式的随机数。RDD 也是如此，RandomRDDs 类是随机数生成类，使用方法如程序 5-7 所示。

程序 5-7　**testRandom.scala**

```scala
import org.apache.spark.mllib.random.RandomRDDs.normalRDD
import org.apache.spark.sql.SparkSession

object testRandom {
  def main(args: Array[String]): Unit = {
    val spark = SparkSession
      .builder                                      //创建 Spark 会话
      .master("local")                              //设置本地模式
      .appName("testRandom")                        //设置名称
      .getOrCreate()                                //创建会话变量

    val randomNum = normalRDD(spark.sparkContext, 100)   //创建 100 个随机数
    randomNum.foreach(println)                      //打印数据
  }
}
```

这里的 normalRDD 是调用类，随机生成 100 个随机数。结果请读者自行打印测试。

 **小结**

本章讲解了机器学习概述和一般流程，并详细讲解了多个 ML 数据格式的范例和使用方法，包括本地向量、本地矩阵以及分布式矩阵，详细地介绍了 ML 中的管道技术基础和应用，为后续的数据分析提供支持。

此外，本章还介绍了 ML 中使用的基本数理统计的概念和方法，例如，基本统计量、相关系数、假设检验等基本概念和求法，同样也是后续内容的基础。这些内容是 ML 数据挖掘和机器学习的基础，后续章节将展开介绍机器学习的各种典型算法及应用。

第6章 线性回归及应用

线性回归是利用称为线性回归方程的函数对一个或多个自变量和因变量之间的关系进行建模的一种回归分析方法,只有一个自变量的情况称为简单回归,大于一个自变量的情况叫作多元回归,在实际情况中,大多数都是多元回归。

线性回归(Linear Regression)问题属于监督学习(Supervised Learning)范畴,又称分类(Classification)或归纳学习(Inductive Learning)。这类分析中训练数据集中给出的数据类型是确定的。在 ML 中,线性回归是一种能够较为准确预测具体数据的回归方法,它通过给定的一系列训练数据在预测算法的帮助下预测未知的数据。

本章将向读者介绍线性回归的基本理论与 ML 中使用的预测算法,以及为了防止过度拟合而进行的正则化处理,这些不仅是回归算法的核心,也是 ML 的最核心部分。

本章学习目标
- 线性回归理论
- 随机梯度下降算法详解
- 回归的正则化方法
- ML 线性回归实战

6.1 线性回归理论

我们将机器学习算法定义为,通过经验以提高计算机程序在某些任务上性能的算法。这个定义有点抽象。为了使这个定义更具体点,我们展示一个简单的机器学习示例:线性回归(Linear Regression)。当我们介绍更多有助于理解机器学习特性的概念时,会反复回顾这个示例。

顾名思义,线性回归解决回归问题。换言之,我们的目标是建立一个系统,将向量 $x \in$

R^n 作为输入,预测标量 $y \in R$ 作为输出。线性回归的输出是其输入的线性函数。令 $\hat{y}$ 表示模型预测 y 应该取的值。我们定义输出为

$$\hat{y} = \boldsymbol{w}^T \boldsymbol{x}$$

其中,$\boldsymbol{w} \in R^n$ 是参数向量。

参数是控制系统行为的值。在这种情况下,w_i 是系数,会和特征 x_i 相乘之后全部相加起来。我们可以将 $\boldsymbol{w}$ 看作一组决定每个特征如何影响预测的权重(weight)。如果特征 x_i 对应的权重 w_i 是正的,那么特征的值增加,预测值 $\hat{y}$ 也会增加。如果特征 x_i 对应的权重 w_i 是负的,那么特征的值增加,预测值 $\hat{y}$ 会减少。如果特征权重的大小很大,那么它对预测将有很大的影响;如果特征权重的大小是零,那么它对预测没有影响。

因此,可以定义任务 T:通过输出 $\hat{y} = \boldsymbol{w}^T \boldsymbol{x}$ 从 $\boldsymbol{x}$ 预测 y。接下来需要定义性能度量——P。

假设有 m 个输入样本组成的设计矩阵,不用它来训练模型,而是评估模型性能如何。我们也有每个样本对应的正确值 y 组成的回归目标向量。因为这个数据集只是用来评估性能,称之为测试集。将输入的设计矩阵记作 $\boldsymbol{X}^{(test)}$,回归目标向量记作 $\boldsymbol{y}^{(test)}$。

度量模型性能的一种方法是计算模型在测试集上的**均方误差**(Mean Squared Error,MSE)。如果 $\hat{y}^{(test)}$ 表示模型在测试集上的预测值,那么均方误差表示为

$$\text{MSE}_{test} = \frac{1}{m} \sum_i (\hat{y}^{(test)} - y^{(test)})_i^2$$

直观上,当 $\hat{y}^{(test)} = y^{(test)}$ 时,会发现误差降为 0。也可以看到

$$\text{MSE}_{test} = \frac{1}{m} || \hat{y}^{(test)} - y^{(test)} ||_2^2$$

所以当预测值和目标值之间的欧几里得距离增加时,误差也会增加。

为了构建一个机器学习算法,需要设计一个算法,通过观察训练集($\boldsymbol{X}^{(train)}$,$\boldsymbol{y}^{(train)}$)获得经验,减少 MSE_{test} 以改进权重 $\boldsymbol{w}$。一种直观方式是最小化训练集上的均方误差,即 MSE_{train}。最小化 MSE_{train},可以简单地求解其导数为 0 的情况:

$$\nabla_{\boldsymbol{w}} \text{MSE}_{train} = 0$$
$$\Rightarrow \nabla_{\boldsymbol{w}} \frac{1}{m} || \hat{y}^{(train)} - \boldsymbol{y}^{(train)} ||_2^2 = 0$$
$$\Rightarrow \frac{1}{m} \nabla_{\boldsymbol{w}} || \hat{y}^{(train)} - \boldsymbol{y}^{(train)} ||_2^2 = 0$$
$$\Rightarrow \nabla_{\boldsymbol{w}} (\boldsymbol{X}^{(train)} \boldsymbol{w} - \boldsymbol{y}^{(train)})^T (\boldsymbol{X}^{(train)} \boldsymbol{w} - \boldsymbol{y}^{(train)}) = 0$$
$$\Rightarrow \nabla_{\boldsymbol{w}} (\boldsymbol{w}^T \boldsymbol{X}^{(train)T} \boldsymbol{X}^{(train)} \boldsymbol{w} - 2\boldsymbol{w}^T \boldsymbol{X}^{(train)T} \boldsymbol{y}^{(train)} + \boldsymbol{y}^{(train)T} \boldsymbol{y}^{(train)}) = 0$$
$$\Rightarrow 2 \boldsymbol{X}^{(train)T} \boldsymbol{X}^{(train)} \boldsymbol{w} - 2\boldsymbol{X}^{(train)T} \boldsymbol{y}^{(train)} = 0$$
$$\Rightarrow \boldsymbol{w} = (\boldsymbol{X}^{(train)T} \boldsymbol{X}^{(train)})^{-1} \boldsymbol{X}^{(train)T} \boldsymbol{y}^{(train)}$$

通过最后的式子给出解的系统方程被称为正规方程,构成了一个简单的机器学习算法。

值得注意的是,术语线性回归通常用来指稍微复杂一些,附加额外参数(截距项 b)的模型。在这个模型中,

$$\hat{y} = \boldsymbol{w}^T \boldsymbol{x} + b$$

因此从参数到预测的映射仍是一个线性函数,而从特征到预测的映射是一个仿射函数。

如此扩展到仿射函数意味着模型预测的曲线仍然看起来像是一条直线,只是这条直线没必要经过原点。除了通过添加偏置参数 b,还可以使用仅含权重的模型,但 x 需要增加一项永远为 1 的元素。对应于额外 1 的权重起到了偏置参数的作用。当我们在提到仿射函数时,会经常使用术语"线性"。

截距项 b 通常被称为仿射变换的偏置参数。这个术语的命名源自该变换的输出在没有任何输入时会偏移 b。它和统计偏差中指代统计估计算法的某个量的期望估计偏离真实值的意思是不一样的。

线性回归当然是一个极其简单且有局限的学习算法,但它提供了一个说明学习算法如何工作的例子。在线性回归实战应用的小节中,将会介绍一些设计学习算法的基本原则,并说明如何使用这些原则来构建更复杂的学习算法。

6.2 回归算法的评价指标

一般评价回归算法的指标有均方误差、均方根误差、平均绝对比例误差等。均方根误差是均方误差的算术平方根,而均方误差 MSE 指的是目标预测值与实际值之差的平方的期望值,其计算公式如下。

$$MSE = \frac{1}{N} \sum_{i=1}^{N} (y_i - p_i)^2$$

其中,y_i 指的是真实值,p_i 指的是预测值。

均方根误差 RMSE 是对公式 MSE 取平方根,能够更好地描述预测结果与真实值的偏离程度,其单位与数据集单位一致,该值越低,模型越稳定。

为了验证预测模型的精确度和拟合效果,一般采用 MAPE 作为评价指标。MAPE 即平均绝对比例误差,反映了所有样本的误差绝对值占实际值的比例,该指标越接近 0,得到的模型越准确,其计算公式如下。

$$MAPE = \frac{1}{N} \sum_{i=1}^{N} \frac{|y_i - \hat{y}_i|}{|y_i|}$$

其中,y_i 指的是真实值,$\hat{y}_i$ 指的是预测值。

6.3 梯度下降算法

梯度下降算法是一个一阶最优化算法,通常也称为最陡下降法,要使用梯度下降算法找到一个函数的局部极小值,必须向函数上当前点对应梯度(或者是近似梯度)的反方向的规定步长距离点进行迭代搜索。如果相反地,向梯度正方向迭代进行搜索,则会接近函数的局部极大值点;这个过程被称为梯度上升法,相反则称为梯度下降法。

机器学习中回归算法的种类很多,例如,神经网络回归算法、蚁群回归算法、支持向量机回归算法等,这些都可以在一定程度上达成回归拟合的目的。

ML 中的随机梯度下降算法充分利用了 Spark 框架的迭代计算特性,通过不停地判断和选择当前目标下的最优路径,从而在最短路径下达到最优的结果,继而提高大数据的计算效率。

6.3.1 算法理解

在介绍随机梯度下降算法之前,先讲一个下山的故事(见图6-1)。

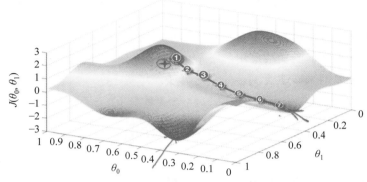

图 6-1　模拟随机梯度下降算法的演示图

这是一个模拟随机梯度下降算法的演示图。为了便于理解,将其比喻成朋友想要出去游玩的一座山。

设想和朋友一起到一座不太熟悉的山上去玩,在兴趣盎然中很快登上了山顶。但是天有不测,下起了雨。如果这时需要你和朋友以最快的速度下山,那么该怎么办呢?

想以最快的速度下山,最快的办法就是顺着坡度最陡峭的地方走下去。但是由于不熟悉路,朋友在下山的过程中每走过一段路程都需要停下来观望,从而选择最陡峭的下山路线。这样一路走下来,才可以在最短时间内走到山脚。

这个最短的路线从图上可以近似地表示为

①→②→③→④→⑤→⑥→⑦

每个数字代表每次停顿的地点,这样只需要在每个停顿的地点上选择最陡峭的下山路即可。

随机梯度下降算法和这个下山过程类似,如果想要使用最快捷的下山方法,那么最简单的办法就是在下降一个梯度的阶层后寻找一个当前获得的最大坡度继续下降。这就是随机梯度下降算法(Stochastic Gradient Descent,SGD)的基本原理。它是一种简单但非常有效的方法,多用于支持向量机、逻辑回归等凸损失函数下的线性分类器的学习,并且SGD已成功应用于文本分类和自然语言处理中经常遇到的大规模和稀疏机器学习问题,而且它是梯度下降的一种变形形式。SGD既可以用于分类计算,也可以用于回归计算。

同时还要注意一下标准的梯度下降和随机梯度下降的区别。标准下降是在权值更新前汇总所有样例得到的标准梯度,随机下降则是通过考察每次训练实例来更新的。因为标准梯度下降使用的是准确的梯度,是理直气壮地走;随机梯度下降使用的是近似的梯度,得小心翼翼地走。

随机梯度下降算法的优点是计算速度快,缺点是收敛性能不好。

6.3.2　SGD 算法理论

随机梯度下降算法就是不停地寻找某个节点中下降幅度最大的那个趋势并进行迭代计算,直到将数据收缩到符合要求的范围为止,可以用数学公式表达如下。

$$f(\theta) = \theta_0 x_0 + \theta_1 x_1 + \cdots + \theta_n x_n = \sum \theta_i x_i$$

在随机梯度下降算法中,对于系数需要通过不停地求解出当前位置下最优化的数据。这句话用数学方式来表达,就是不停地对系数 θ 求偏导数,公式如下。

$$\frac{\partial}{\partial \theta} f(\theta) = \frac{\partial}{\partial \theta} \frac{1}{2} \sum (f(\theta) - y_i)^2 = (f(\theta) - y) x_i$$

公式中 θ 会向着梯度下降的最快方向减少,从而推断出 θ 的最优解。

因此可以说,随机梯度下降算法最终被归结为通过迭代计算特征值,从而求出最合适的值。θ 求解的公式如下。

$$\theta = \theta - \alpha (f(\theta) - y_i) x_i$$

公式中 α 是下降系数,用较为通俗的话来说就是用以计算每次下降的幅度大小。系数越大,则每次计算中的差值越大;系数越小,则差值越小,但是计算时间相对延长。

在每次更新时用一个(batch_size=1 的情况)样本,随机采用样本中的一个例子近似所有的样本来调整 θ,因而随机梯度下降会带来一定的问题,因为计算得到的并不是准确的梯度。对于最优化问题、凸问题,虽然不是每次迭代得到的损失函数都向着全局最优方向,但是大的整体方向是向着全局最优解的,最终的结果往往是在全局最优解附近。

6.3.3　SGD 算法实战

随机梯度下降算法可以将梯度下降算法通过一个模型来表示,如图 6-2 所示。

总结起来就一句话:随机选择一个方向,然后每次迈步都选择最陡的方向,直到这个方向上能达到最低点,即每个数据都计算一下损失函数,然后求梯度更新参数。从图 6-2 中可以看到,实现随机梯度下降算法的关键是拟合算法的实现。本例的拟合算法实现较为简单,通过不停地修正数据值来达到数据的最优值。具体实现代码如程序 6-1 所示。

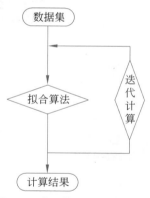

图 6-2　随机梯度下降算法过程

程序 6-1　**SGDtest.scala**

```scala
import scala.collection.mutable.HashMap

object SGD {
  val data = HashMap[Int,Int]()            //创建数据集
  def getData():HashMap[Int,Int] = {        //生成数据集内容
    for(i <- 1 to 50) {                      //创建 50 个数据
        data += (i -> (12 * i))              //写入公式 y=2x
    }
    data                                     //返回数据集
```

```
    }

    var θ:Double = 0                                          //第一步假设 θ 为 0
    var α:Double = 0.1

    //设置步长系数,也称学习率 alpha(learning rate)

    def sgd(x:Double,y:Double) = {                            //设置迭代公式
      θ = θ - α * ( (θ * x) - y)                              //迭代公式
    }
    def main(args: Array[String]) {
      val dataSource = getData()                              //获取数据集
      dataSource.foreach(myMap =>{                            //开始迭代
        sgd(myMap._1,myMap._2)                               //输入数据
      })
      println("最终结果 θ 值为" +θ)                             //显示结果
    }
}
```

最终结果如图 6-3 所示。

图 6-3　程序 6-1 运行结果

提示:在重复运行本程序的时候,可以适当地增大数据量和步长系数。当增大数据量的时候,θ 值会开始偏离一定的距离。请读者考虑为何会这样。

6.4　过拟合

过拟合(Overfitting,或称拟合过度)是指过于紧密或精确地匹配特定数据集,以至于无法良好地拟合其他数据或预测未来的观察结果的现象。过拟合模型指的是相较有限的数据而言,参数过多或者结构过于复杂的统计模型。发生过拟合时,模型的偏差小而方差大。过拟合的本质是训练算法从统计噪声中不自觉获取了信息并表达在了模型结构的参数当中。

有计算就有误差,误差并不可怕,需要思考的是采用何种方法消除误差。

在回归分析的计算过程中,由于特定分析数据(一般指训练集)和算法选择,结果会对分析数据(一般指训练集)产生非常强烈的拟合效果;对于测试数据,表现得则不理想,这种效果和原因称为过拟合。本节将分析过拟合产生的原因和效果,并给出一个处理手段供读者参考。

6.4.1 过拟合产生的原因

在 6.3 节的最后,建议读者对数据的量进行调整,从而获得更多的拟合修正系数。随着数据量的增加,拟合的系数在达到一定值后会发生较大幅度的偏转。在程序 6-1 中,步长系数,也称学习率,在 0.1 的程度下,数据量达到 70 以后就发生偏转,因为 ML 回归会产生过拟合现象。

对于过拟合,参见图 6-3。

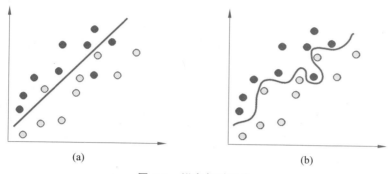

(a)   (b)

图 6-3　拟合与过拟合

从图 6-3 两个图的对比来看,如果测试数据过于侧重某些具体点,就会对整体的曲线形成构成很大的影响,从而影响到待测数据的测试精准度。这种对于测试数据过于接近而实际数据拟合程度不够的现象称为过拟合,解决办法就是对数据进行处理,而处理过程称为回归的正则化。正则化的目的是防止过拟合,本质是约束(限制)要优化的参数。

正则化使用较多的一般有两种方法:Lasso 回归(L1 回归)和岭回归(L2 回归),其目的是通过对最小二乘估计加入处罚约束,使某些系数的估计为 0。

从图 6-3 回归曲线来看,差异较多地集中在回归系数的选取上。这里可以近似地将图 6-3(a)假设为如下公式。

$$f(a) = \theta_0 + \theta_1 x_1 + \theta_2 x_2$$

图 6-3(b)公式可以近似地表示为

$$f(b) = \theta_0 + \theta_1 x_1 + \theta_2 x_2 + \theta_3 x_3^2 + \theta_4 x_4^3 = f(a) + \theta_3 x_3^2 + \theta_4 x_4^3$$

从两个公式的比较来看,图 6-3(b)公式增加了系数,因此可以通过消除增加的系数来消除过拟合。

更加直观的理解就是,防止通过拟合算法最后计算出的回归公式比较大地响应和依赖某些特定的特征值,从而影响回归曲线的准确率。

6.4.2 常见线性回归正则化方法

岭回归、Lasso 回归和 ElasticNet 回归是常见的线性回归正则化方法。由前面对过拟合产生的原因分析来看,如果能够消除拟合公式中多余的拟合系数,那么产生的曲线就可以较好地对数据进行拟合处理。因此,可以认为对拟合公式过拟合的消除最直接的办法就是去除多余的公式,通过数学公式表达如下。

$$f(B') = f(B) + J(\theta)$$

从公式可以看到，$f(B')$ 是 $f(B)$ 的变形形式，通过增加一个新的系数公式 $J(\theta)$ 来使原始数据公式获得正则化表达。这里 $J(\theta)$ 又称为损失函数，通过回归拟合曲线的范数 L1 和 L2 与一个步长数 α 相乘得到，其中，L1 是拉普拉斯分布、L2 是高斯分布。弹性网络 ElasticNet 是一种使用 L1、L2 范数作为先验正则项训练的线性回归模型。

范数 L1 和范数 L2 是两种不同的系数惩罚项。

L1 范数是指回归公式中各个元素的绝对值之和，又称为稀疏规则算子（Lasso Regularization）。其一般公式如下。

$$J(\theta) = \alpha \times \| x \|$$

即可以通过这个公式计算使得 $f(B')$ 最小化。

L2 范数是指回归公式中各个元素的平方和，又称为岭回归（Ridge Regression），可以用公式表示为

$$J(\theta) = \alpha \sum x^2$$

和 L2 范数相比，L1 能够在步长系数 α 在一定值的情况下将回归曲线的某些特定系数修正为 0。L2 回归因为其需要计算平方的处理方法，从而使得回归曲线获得较高的计算精度。

ML 中使用了 ElasticNet 回归。ElasticNet 综合了 L1 正则化项和 L2 正则化项，也就是岭回归和稀疏规则算子回归的组合。可以用公式表示为

$$J(\theta) = \frac{1}{2} \sum_i^m (y^{(i)} - \theta^{\mathrm{T}} x^{(i)})^2 + \lambda \left(\rho \sum_j^m | \theta_j | + (1-\rho) \sum_j^m \theta_j^2 \right)$$

ElasticNet 将 Lasso 和 Ridge 组成一个具有两种惩罚因素的单一模型：一个与 L1 范数成比例，另外一个与 L2 范数成比例。使用这种方法所得到的模型就像纯粹的 Lasso 回归一样稀疏，但同时具有与岭回归提供的一样的正则化能力。在使用 Lasso 回归太过（太多特征被稀疏为 0）而岭回归正则化不够（回归系数衰减太慢）时，可以考虑使用 ElasticNet 回归来综合，以便得到比较好的结果。

6.5　线性回归实战

6.5.1　线性回归程序

在前面的章节中，为读者介绍了线性回归的一些基础知识，这些知识将伴随读者机器学习和数据挖掘的整个工作生涯。本节将带领读者学习第一个回归算法，即线性回归。

首先需要完成线性回归的数据准备工作。在 ML 中，线性回归的示例用来演示训练弹性网络（ElasticNet）正则化线性回归模型，提取模型汇总统计信息，以及使用 ElasticNet 回归综合。它的学习目标是最小化指定的损失函数，并进行正则化。

一个完整的线性回归程序如程序 6-2 所示。

程序 6-2　**LinearRegressionWithElasticNetExample.scala**

```
import org.apache.spark.ml.regression.LinearRegression
import org.apache.spark.sql.SparkSession
```

```
object LinearRegressionWithElasticNetExample {

  def main(args: Array[String]): Unit = {
    val spark = SparkSession
      .builder                                              //创建 Spark 会话
      .master("local")                                      //设置本地模式
      .appName("LinearRegressionWithElasticNetExample")     //设置名称
      .getOrCreate()                                        //创建会话变量

    //$example on$
    //读取数据
    val training = spark.read.format("libsvm")
      .load("data/mllib/sample_linear_regression_data.txt")

    //建立一个 Estimator,并设置参数
    val lr = new LinearRegression()
      .setMaxIter(10)
      .setRegParam(0.3)                                     //正则化参数
      .setElasticNetParam(0.8)                              //使用 ElasticNet 回归

    //训练模型
    val lrModel = lr.fit(training)

    //打印一些系数(回归系数表)和截距
    println(s"Coefficients: ${lrModel.coefficients} Intercept: ${lrModel.
intercept}")

    //汇总一些指标并打印结果和一些监控信息
    val trainingSummary = lrModel.summary
    println(s"numIterations: ${trainingSummary.totalIterations}")
    println(s"objectiveHistory: [${trainingSummary.objectiveHistory.mkString
(",")}]")
    trainingSummary.residuals.show()
    println(s"RMSE: ${trainingSummary.rootMeanSquaredError}")
    println(s"r2: ${trainingSummary.r2}")

    spark.stop()
  }
}
```

其中,setElasticNetParam()设置的是 elasticNetParam,范围是 0~1,包括 0 和 1。如果设置的是 0,则惩罚项是 L2 的惩罚项,训练的模型简化为 Ridge 回归模型;如果设置的是 1,那么惩罚项就是 L1 的惩罚项,等价于 Lasso 模型。

回归结果如下。

```
Coefficients: [0.0,0.32292516677405936,-0.3438548034562218,1.9156017023458414,
0.05288058680386263,0.765962720459771,0.0,-0.15105392669186682,-0.21587930360904642,
0.22025369188813426] Intercept: 0.1598936844239736
numIterations: 7
```

```
objectiveHistory:[0.49999999999999994,0.4967620357443381,0.4936361664340463,
0.4936351537897608,0.4936351214177871,0.49363512062528014,0.4936351206216114]
+------------------+
|        residuals |(残差)
+------------------+
| -9.889232683103197   |
| 0.5533794340053554   |
| -5.204019455758823   |
|-20.566686715507508   |
|  -9.4497405180564    |
| -6.909112502719486   |
|-10.00431602969873    |
| 2.062397807050484    |
| 3.1117508432954772   |
|-15.893608229419382   |
| -5.036284254673026   |
| 6.483215876994333    |
| 12.429497299109002   |
| -20.32003219007654   |
| -2.0049838218725005  |
|-17.867901734183793   |
| 7.646455887420495    |
| -2.2653482182417406  |
|-0.10308920436195645  |
|  -1.380034070385301  |
+------------------+
only showing top 20 rows

RMSE: 10.189077167598475
r2: 0.022861466913958184
```

结果中,r2 表示的是判定系数,也称为拟合优度,越接近 1 越好。

6.5.2 广义线性回归

广义线性模型(Generalized Linear Model,GLM)是在普通线性模型的基础上,将普通线性模型假设进行推广而得出的应用范围更广、更具实用性的回归模型。Spark 的 GeneralizedLinearRegression 接口允许指定 GLM 包括线性回归、泊松回归、逻辑回归等来处理多种预测问题。

与线性回归假设输出服从高斯分布不同,广义线性模型指定线性模型的因变量服从指数型分布。目前,spark.ml 仅支持指数型分布家族 family(含义:模型中使用的误差分布类型)中的一部分类型,如高斯分布(正态分布)、二项分布、泊松分布等。

有兴趣的读者可以进一步研究,这里仅做简单介绍,具体程序如程序 6-3 所示。

程序 6-3　**GeneralizedLinearRegressionExample.scala**

```scala
import org.apache.spark.ml.regression.GeneralizedLinearRegression
import org.apache.spark.sql.SparkSession
```

```scala
object GeneralizedLinearRegressionExample {
  def main(args: Array[String]): Unit = {
    val spark = SparkSession
      .builder                                        //创建 Spark 会话
      .master("local")                                //设置本地模式
      .appName("GeneralizedLinearRegressionExample")  //设置名称
      .getOrCreate()                                  //创建会话变量

    //加载数据
    val dataset = spark.read.format("libsvm")
      .load("data/mllib/sample_linear_regression_data.txt")

    //创建 Estimator 并设置参数
    val glr = new GeneralizedLinearRegression()
      .setFamily("gaussian")                          //高斯分布
      .setLink("identity")
      .setMaxIter(10)
      .setRegParam(0.3)

    //训练模型
    val model = glr.fit(dataset)

    //打印一些系数(回归系数表)和截距
    println(s"Coefficients: ${model.coefficients}")
    println(s"Intercept: ${model.intercept}")

    //汇总一些指标并打印结果和一些监控信息
    val summary = model.summary
    println(s"Coefficient Standard Errors: ${summary.coefficientStandardErrors.
mkString(",")}")
    println(s"T Values: ${summary.tValues.mkString(",")}")
    println(s"P Values: ${summary.pValues.mkString(",")}")
    println(s"Dispersion: ${summary.dispersion}")
    println(s"Null Deviance: ${summary.nullDeviance}")
    println( s " Residual Degree Of Freedom Null: ${ summary.
residualDegreeOfFreedomNull}")
    println(s"Deviance: ${summary.deviance}")
    println(s"Residual Degree Of Freedom: ${summary.residualDegreeOfFreedom}")
    println(s"AIC: ${summary.aic}")
    println("Deviance Residuals: ")
    summary.residuals().show()

    spark.stop()
  }
}
```

其中,link 参数表示连接函数名,描述线性预测器和分布函数均值之间的关系,这里用的是 identity(恒等)。一般情况下,高斯分布对应恒等式,泊松分布对应自然对数函数等。

结果请读者自行验证完成。

 目前，Spark 在 GeneralizedLinearRegression 中仅支持最多 4096 个特征，如果特征超过 4096 个就会引发异常。Spark 的广义线性回归接口还提供了用于诊断 GLM 模型拟合的汇总统计数据，包括残差、P 值、偏差、Akaike 信息准则等。

小结

本章介绍了 ML 计算框架中的核心部分，即梯度下降算法（贯穿本书的始终）。实际上，机器学习的大多数算法都是在使用迭代的情况下最大限度地逼近近似值，这也是学习算法的基础。对于线性回归过程中产生的系数过拟合现象，本章介绍了常用的解决方法，即系数的正则化。一般情况下正则化有三种，分别是 L1、L2 和 ElasticNet 回归，它们的原理都是在回归拟合公式后添加相应的拟合系数来消除产生过拟合的数据。这种做法也是机器学习中常用的过拟合处理手段。最后对广义线性回归进行计算处理。如果读者感兴趣，可以到相关网站上查阅介绍更深入的资料。

第7章

分类算法及应用

分类算法是机器学习的重点,属于监督学习。使用类标签已知的样本建立一个分类函数或分类模型,应用分类模型,能把数据库中的类标签未知的数据进行归类。分类在数据挖掘和机器学习中是一项重要的任务,目前在商业上应用最多,常见的典型应用场景有流失预测、精确营销、客户获取、个性偏好等。ML 目前支持的分类算法有逻辑回归、支持向量机、朴素贝叶斯和决策树。

本章学习目标

- 逻辑回归
- 支持向量机
- 朴素贝叶斯
- 决策树

7.1 逻辑回归理论与应用

7.1.1 算法理论知识

Logistic 回归虽然名字叫"回归",却是一种分类学习方法。其使用场景大概有两个:第一用来预测,第二用来寻找因变量的影响因素。逻辑回归(Logistic Regression,LR)又称为逻辑回归分析,是分类和预测算法中的一种。通过历史数据的表现对未来结果发生的概率进行预测。例如,可以将购买的概率设置为因变量,将用户的特征属性,如性别、年龄、注册时间等设置为自变量。根据特征属性预测购买的概率。逻辑回归与回归分析有很多相似之处,在开始介绍逻辑回归之前先来看下回归分析。

回归分析用来描述自变量 X 和因变量 Y 之间的关系,或者说自变量 X 对因变量 Y 的影响程度,并对因变量 Y 进行预测。其中,因变量是希望获得的结果,自变量是影响结果的潜在因素,自变量可以有一个,也可以有多个。一个自变量的叫作一元回归分析,超过一个自变量的叫作多元回归分析。

逻辑回归实际上就是对已有数据进行分析从而判断其结果可能是多少,它可以通过数学公式来表达。

假设已有样本数据集如下。

```
1|2
1|3
1|4
1|5
1|6
0|7
0|8
0|9
0|10
0|11
```

这里分隔符用以标示分类结果和数据组。如果使用传统的(x,y)值的形式标示,那么y为0或者1,x为数据集中数据的特征向量。

逻辑回归的具体公式如下。

$$f(x) = \frac{1}{1 + \exp(-\theta^{\mathrm{T}} x)}$$

与线性回归相同,这里的θ是逻辑回归的参数,即回归系数,如果将其进一步变形,使其变成能够反映二元分类问题的公式,则公式为

$$f(y = 1 \mid x, \theta) = \frac{1}{1 + \exp(-\theta^{\mathrm{T}} x)}$$

这里y值是由已有的数据集中的数据和θ共同决定的。实际上,这个公式求的是在满足一定条件下最终取值的对数概率,即由数据集的可能性比值的对数变换得到,通过公式可表示为

$$\log(x) = \ln\left(\frac{f(y = 1 \mid x, \theta)}{f(y = 0 \mid x, \theta)}\right) = \theta_0 + \theta_1 x_1 + \theta_2 x_2 + \cdots + \theta_n x_n$$

通过这个逻辑回归倒推公式,最终逻辑回归的计算可以转换成数据集的特征向量与系数θ共同完成,然后求得其加权和作为最终的判断结果。

最终逻辑回归问题又称为对系数θ的求值问题。在讲解线性回归算法求最优化θ值的时候,我们介绍过通过随机梯度算法能够较为准确和方便地求得其最优值,请读者复习一下。

7.1.2 二分类算法实战

在 ML 中,逻辑回归可用于使用二项式 Logistic 回归预测二元结果,也可用于使用多项式 Logistic 回归预测多类结果。可以使用"族"参数在这两种算法之间进行选择,也可以不设置该参数,让 Spark 自行根据数据推断出正确的变量。同时,多项式 Logistic 回归也可以预测二分类结果。

下面将从二项式 Logistic 回归和多项式 Logistic 回归两方面来处理逻辑回归的二分类

问题。它将产生两组系数和两个截距。本节采用的例子是 ML 中自带的数据集 sample_libsvm_data.txt,其内容格式如图 7-1 所示。

图 7-1　数据集 sample_libsvm_data.txt

数据格式说明如下。

```
Label 1:value 2:value …
```

其中,Label 是类别的标识,如图 7-1 中的 0 或者 1,可根据需要自己随意定,如 100、20、13。本例子做的是回归分析,所以其定义为 0 或者 1。

Value 是要训练的数据,从分类的角度来说就是特征值,数据之间使用空格隔开。每个":"用于标注向量的序号和向量值,例如,数据"1 1:12 3:7 4:1"指的是表示为 1 的那组数据集,第 1 个数据值为 12,第 3 个数据值为 7,第 4 个数据值为 1,第 2 个数据缺失。特征冒号前面的(姑且称作序号)可以不连续。这样做的好处是可以减少内存的使用,并提高计算矩阵内积时的运算速度。

完整代码如程序 7-1 所示。

程序 7-1　**LogisticRegressionWithElasticNetExample.scala**

```scala
import org.apache.spark.ml.classification.LogisticRegression
import org.apache.spark.sql.SparkSession
```

```
object LogisticRegressionWithElasticNetExample {

  def main(args: Array[String]): Unit = {
    val spark = SparkSession
        .builder                                              //创建 Spark 会话
        .master("local")                                      //设置本地模式
        .appName("LogisticRegressionWithElasticNetExample")   //设置名称
        .getOrCreate()                                        //创建会话变量

    //$example on$
    //Load training data
    val training = spark.read.format("libsvm").load("sample_libsvm_data.txt")

    val lr = new LogisticRegression()
        .setMaxIter(10)
        .setRegParam(0.3)
        .setElasticNetParam(0.8)

    //Fit the model
    val lrModel = lr.fit(training)

    //打印逻辑回归的系数和截距
    println(s"Coefficients: ${lrModel.coefficients} Intercept: ${lrModel.
intercept}")

    //通过将 family 参数设置为"多项式"，多项式 Logistic 回归也可用于二元分类
    val mlr = new LogisticRegression()
        .setMaxIter(10)
        .setRegParam(0.3)
        .setElasticNetParam(0.8)
        .setFamily("multinomial")

    val mlrModel = mlr.fit(training)

    //打印逻辑回归的系数和截距
    println(s"Multinomial coefficients: ${mlrModel.coefficientMatrix}")
    println(s"Multinomial intercepts: ${mlrModel.interceptVector}")

    spark.stop()
  }
}
```

关于 family 这个参数，默认值为"auto"，根据类的数量自动选择族：如果 numClasses 为 1 或者为 2，则设置为"二项式"；否则设置为"多项式"。

7.1.3　多分类算法实战

逻辑回归分类器(Logistic Regression Classifier)是机器学习领域著名的分类模型，常用于解决二分类(Binary Classification)问题。在工作、学习、项目中，经常要解决多分类

(Multiclass Classification)问题。在判断其可能性的时候,需要综合考虑多种因素,因此在进行数据回归分析时并不能简单地使用二项逻辑回归,使用直线分类太过简单,因为有很多情况下样本的分类决策边界并不是一条直线。

本节采用的例子是 ML 中自带的数据集 sample_multiclass_classification_data.txt,其内容格式如图 7-2 所示。

```
sample_libsvm_data.txt ×    sample_multiclass_classification_data.txt ×
1   1 1:-0.222222 2:0.5 3:-0.762712 4:-0.833333
2   1 1:-0.555556 2:0.25 3:-0.864407 4:-0.916667
3   1 1:-0.722222 2:-0.166667 3:-0.864407 4:-0.833333
4   1 1:-0.722222 2:0.166667 3:-0.694915 4:-0.916667
5   0 1:0.166667 2:-0.416667 3:0.457627 4:0.5
6   1 1:-0.833333 3:-0.864407 4:-0.916667
7   2 1:-1.32455e-07 2:-0.166667 3:0.220339 4:0.0833333
8   2 1:-1.32455e-07 2:-0.333333 3:0.0169491 4:-4.03573e-08
9   1 1:-0.5 2:0.75 3:-0.830508 4:-1
10  0 1:0.611111 3:0.694915 4:0.416667
11  0 1:0.222222 2:-0.166667 3:0.423729 4:0.583333
12  1 1:-0.722222 2:-0.166667 3:-0.864407 4:-1
13  1 1:-0.5 2:0.166667 3:-0.864407 4:-0.916667
14  2 1:-0.222222 2:-0.333333 3:0.0508474 4:-4.03573e-08
15  2 1:-0.0555556 2:-0.833333 3:0.0169491 4:-0.25
16  2 1:-0.166667 2:-0.416667 3:-0.0169491 4:-0.0833333
17  1 1:-0.944444 3:-0.898305 4:-0.916667
18  2 1:-0.277778 2:-0.583333 3:-0.0169491 4:-0.166667
19  0 1:0.111111 2:-0.333333 3:0.38983 4:0.166667
20  0 1:-0.222222 2:-0.166667 3:0.0847457 4:-0.0833333
21  0 1:0.166667 2:-0.333333 3:0.559322 4:0.666667
22  1 1:-0.611111 2:0.0833333 3:-0.864407 4:-0.916667
23  2 1:-0.333333 2:-0.583333 3:0.0169491 4:-4.03573e-08
24  0 1:0.555555 2:-0.166667 3:0.661017 4:0.666667
25  2 1:0.166667 3:0.186441 4:0.166667
26  2 1:0.111111 2:-0.75 3:0.152542 4:-4.03573e-08
27  2 1:0.166667 2:-0.25 3:0.118644 4:-4.03573e-08
28  0 1:-0.0555556 2:-0.833333 3:0.355932 4:0.166667
29  0 1:-0.277778 2:-0.333333 3:0.322034 4:0.583333
30  2 1:-0.222222 2:-0.5 3:-0.152542 4:-0.25
31  2 1:-0.111111 3:0.288136 4:0.416667
32  2 1:-0.0555556 2:-0.25 3:0.186441 4:0.166667
33  2 1:0.333333 2:-0.166667 3:0.355932 4:0.333333
34  1 1:-0.611111 2:0.25 3:-0.898305 4:-0.833333
35  0 1:0.166667 2:-0.333333 3:0.559322 4:0.75
```

图 7-2　sample_multiclass_classification_data.txt 中的内容

这里首先介绍一下它的数据格式。

```
Label 1:value 2:value …
```

Label 是类别的标识,如图 7-2 中的 0 或 1,可根据需要自己随意定,如 100、20、13。本例子由于是做的回归分析,那么将其定义为 0 或 1。

Value 是要训练的数据,从分类的角度来看就是特征值,数据之间使用空格隔开。而每个“:”用于标注向量的序号和向量值。例如,数据:

```
1 1:12 3:7 4:1
```

指的是表示为 1 的那组数据集,第 1 个数据值为 12,第 3 个数据值为 7,第 4 个数据值为 1,第 2 个数据缺失。特征冒号前面的(称作序号)可以不连续。这样做的好处是可以减少内存的使用,并提高计算矩阵内积时的运算速度。

下面的示例演示如何使用弹性网络正则化训练多分类逻辑回归模型,以及如何提取多类训练摘要以评估模型。

逻辑回归多分类处理的完整代码如程序 7-2 所示。

程序 7-2　**MulticlassLogisticRegressionWithElasticNetExample.scala**

```scala
import org.apache.spark.ml.classification.LogisticRegression
import org.apache.spark.sql.SparkSession

object MulticlassLogisticRegressionWithElasticNetExample {

  def main(args: Array[String]): Unit = {
    val spark = SparkSession
        .builder                                             //创建 Spark 会话
        .master("local")                                     //设置本地模式
        .appName("MulticlassLogisticRegressionWithElasticNetExample")
                                                             //设置名称
        .getOrCreate()                                       //创建会话变量


    //加载数据
    val training = spark
        .read
        .format("libsvm")
        .load("sample_multiclass_classification_data.txt")

    val lr = new LogisticRegression()
        .setMaxIter(10)
        .setRegParam(0.3)
        .setElasticNetParam(0.8)

    //训练模型
    val lrModel = lr.fit(training)

    //打印逻辑回归的系数和截距
    println(s"Coefficients: \n${lrModel.coefficientMatrix}")
    println(s"Intercepts: \n${lrModel.interceptVector}")

    val trainingSummary = lrModel.summary

    //获取每次的迭代对象
    val objectiveHistory = trainingSummary.objectiveHistory
    println("objectiveHistory:")
    objectiveHistory.foreach(println)

    //对于多分类问题,可以基于每个标签观察矩阵,并打印一些汇总信息
    println("False positive rate by label:")
      trainingSummary. falsePositiveRateByLabel. zipWithIndex. foreach { case
(rate, label) =>
        println(s"label $label: $rate")
    }

    println("True positive rate by label:")
```

```
    trainingSummary. truePositiveRateByLabel. zipWithIndex. foreach { case
(rate, label) =>
        println(s"label $label: $rate")
    }

    println("Precision by label:")
    trainingSummary. precisionByLabel. zipWithIndex. foreach { case (prec,
label) =>
        println(s"label $label: $prec")
    }

    println("Recall by label:")
    trainingSummary.recallByLabel.zipWithIndex.foreach { case (rec, label) =>
        println(s"label $label: $rec")
    }


    println("F-measure by label:")
    trainingSummary.fMeasureByLabel.zipWithIndex.foreach { case (f, label) =>
        println(s"label $label: $f")
    }

    val accuracy =trainingSummary.accuracy
    val falsePositiveRate =trainingSummary.weightedFalsePositiveRate
    val truePositiveRate =trainingSummary.weightedTruePositiveRate
    val fMeasure =trainingSummary.weightedFMeasure
    val precision =trainingSummary.weightedPrecision
    val recall =trainingSummary.weightedRecall
      println ( s " Accuracy: $accuracy \ nFPR: $falsePositiveRate \ nTPR:
$truePositiveRate\n" +
        s"F-measure: $fMeasure\nPrecision: $precision\nRecall: $recall")


    spark.stop()
  }
}
```

setRegParam()设置正则化项系数(默认为 0.0)。正则化主要用于防止过拟合现象,如果数据集较小、特征维数又多,就可能出现过拟合,此时可以考虑增大正则化系数。

该算法产生 K 组系数或一个维数为 $K \times J$ 的矩阵,其中,K 是结果类的数量,J 是特征的数量。多项式训练的 Logistic 回归模型不支持系数和截距方法,改用系数矩阵和截距向量。

7.2 SVM 理论及应用

7.2.1 算法理论知识

支持向量机(Support Vector Machine,SVM)是由 Vladimir N. Vapnik 和 Alexey Ya. Chervonenkis 在 1963 年提出的。SVM 的提出解决了当时在机器学习领域的"维数灾难"

"过学习"等问题。它在机器学习领域可以用于分类和回归。SVM可以解决股票价格回归等问题,但是,在回归上SVM还是较为局限,SVM大部分时候会和分类放在一起。本节主要讲解分类。

SVM最初是为二值分类问题设计的,可以非常成功地处理回归(时间序列分析)和模式识别(分类问题、判别分析)等诸多问题,并可推广到预测和综合评价等领域,因此可应用于理科、工科和管理工程等多个学科。

ML对支持向量机算法有较好的支持,用来解决一般线性回归和逻辑回归不好处理的数据分类问题,结果验证其准确性较好。线性支持向量机是一个用于大规模分类任务的标准方法。支持向量机本身便是一种监督式学习的方法。

支持向量机在诸如文本分类、图像分类、生物序列分析和生物数据挖掘、手写字符识别等领域有很多应用。目前,Spark ML库的支持向量机算法支持使用线性支持向量机进行二分类问题,不过仅支持L2正则化。

SVM是一个类分类器,能够将不同类的样本在样本空间中进行分隔,分隔使用的面叫作分隔超平面。

例如,对于二维样本,分布在二维平面上,此时超平面实际上是一条直线,直线上面是一类,直线下面是另一类。定义超平面为

$$f(x) = w_0 + \boldsymbol{w}^\mathrm{T} x$$

可以想象出,这样的直线可以有很多条,到底哪一条是超平面呢?规定超平面应该是距离两类的最近距离之和最大,因为只有这样才是最优的分类。

假设超平面是 $w_0 + \boldsymbol{w}^\mathrm{T} x = 0$,那么经过上面这一类距离超平面最近点的直线是 $w_0 + \boldsymbol{w}^\mathrm{T} x = 1$,下面的直线是 $w_0 + \boldsymbol{w}^\mathrm{T} x = -1$。其中一类到超平面的距离是

$$D = \frac{w_0 + \boldsymbol{w}^\mathrm{T} w}{\| \boldsymbol{w} \|} = \frac{1}{\| \boldsymbol{w} \|}$$

然后采用拉格朗日函数,经过一系列运算以后,得到

$$\boldsymbol{w}^\mathrm{T} x + b = \sum_{i=1}^{n} a_i y^{(i)} < x^{(i)}, x > + b$$

这也意味着,只用计算新点 x 与训练数据点的内积就可以对新点进行预测。

下面通过一个例子来帮助读者理解SVM。三角和圆是一个二维平面图中被区分的两个不同类别,其分布如图7-3所示。现在问题来了,想按一定的模式对其进行划分时,其划分的边界在哪里?

从图7-3中可以看出,a 线和 b 线分别是可以满足划分的边界线,它们都可以将三角和圆正确划分出来。除此之外,还有无数条直线可以将其分开。如果要选择一条能够完全反映三角和圆的最优化边界,就需要使用支持向量机。

所谓最优化边界是指能够最公平地划分上下区间的线段。正常理解,如果能够找到一条在 a 线和 b 线正中间的那条线,就可以将其划分,如图7-4所示。

公平线(c 线)是由 a 线和 b 线共同确定的,即 a 线和 b 线给定后,c 线就可以确定。此种方法的好处在于,只要 a 线和 b 线确定,则分类平面确定,其中的改变不受任何数据和噪声的干扰。

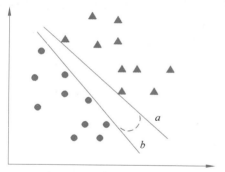

图 7-3　圆与三角分类图

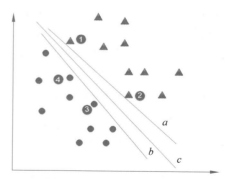

图 7-4　圆与三角分类示例

在图 7-4 中标明了 4 个点,据此可以确定 a 线和 b 线。这 4 个关键的点在支持向量机中被称为支持向量。只要确定了支持向量,分类平面即可唯一确定,如图 7-5 所示。

这种通过找到支持向量从而获得分类平面的方法称为支持向量机。支持向量机的目的就是通过划分最优平面使不同的类别分开。

在讲解线性模型时,任何一个线性回归模型都可以使用如下公式来表达。

$$f(x)=ax+b$$

其中,a 和 b 分别是公式的系数。若将其推广到线性空间中,则公式如下。

$$f(x)=\boldsymbol{w}^{\mathrm{T}}x+b$$

用图形的形式表示如图 7-6 所示。

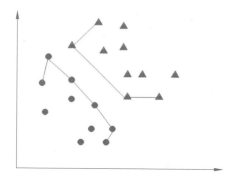

图 7-5　支持向量机分类后的圆与三角示意图

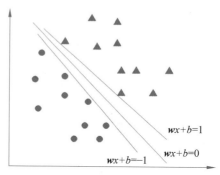

图 7-6　线性将图形分类

这里人为地将图形分成三部分:当 $f(x)=0$ 时,可以将 x 认为属于分隔面上的点;当 $f(x)>0$ 时,可以近似地认为 $f(x)=1$,从而将其确定为三角形的分类;当 $f(x)<0$ 时,可以认为 $f(x)=-1$,将其归为圆形的类。

通过上述方法,支持向量机模型最终转换为一般的代数计算问题。将 x 的值代入公式计算 $f(x)$ 的值,从而判断 x 所属的位置。

下面的问题就转换为求解方程系数的问题,即如何求得公式中 w 和 b 的大小,从而确定公式。此类方法和线性回归求极值的方法类似。

7.2.2　SVM 算法实战

与其他训练模型一样,DataFrame 是最基本的数据结构,可以使用 spark.read.format

("libsvm").load("")方法读取特定的数据;MaxIter 是迭代的次数,根据配置资源的情况可以自行设定。

这里读取 ML 中自带的数据集 sample_libsvm_data.txt 作为本次的数据集。完整代码如程序 7-3 所示。

程序 7-3　**LinearSVCExample.scala**

```scala
import org.apache.spark.ml.classification.LinearSVC
import org.apache.spark.sql.SparkSession

object LinearSVCExample {

  def main(args: Array[String]): Unit = {
    val spark = SparkSession
        .builder                                   //创建 Spark 会话
        .master("local")                           //设置本地模式
        .appName("LinearSVCExample")               //设置名称
        .getOrCreate()                             //创建会话变量


    //加载数据
    val training = spark.read.format("libsvm").load("data/mllib/sample_libsvm_
data.txt")

    val lsvc = new LinearSVC()
        .setMaxIter(10)
        .setRegParam(0.1)

    //训练模型
    val lsvcModel = lsvc.fit(training)

    //打印系数和截距
    println(s"Coefficients: ${lsvcModel.coefficients} Intercept: ${lsvcModel.
intercept}")

    spark.stop()
  }
}
```

提示:简便起见,本例使用了常用的数据模型,这里读者可以根据需要使用 LabeledPoint 特定的数据格式建立和读取相应的数据。

在逻辑回归的讲解中,使用逻辑回归分析了文本文档处理。这里将使用支持向量机来进行分类预测。

对于数据的处理,因为在 ML 中数据的格式是通用的,所以可以使用类似的数据读取方式来训练相关数据,同样读取 ML 中自带的数据集 sample_libsvm_data.txt 作为本次的数据集。对于数据结果的验证,同样可以使用验证方式对数据结果进行精度验证。具体代码如程序 7-4 所示。

程序 7-4　SVMTest.scala

```scala
import org.apache.spark.ml.Pipeline
import org.apache.spark.ml.classification.LinearSVC
import org.apache.spark.ml.evaluation.MulticlassClassificationEvaluator
import org.apache.spark.ml.feature.{PCA, StandardScaler}
import org.apache.spark.sql.SparkSession

object SVMTest {
  def main(args: Array[String]): Unit = {
    val spark = SparkSession
      .builder                          //创建 Spark 会话
      .master("local")                  //设置本地模式
      .appName("SVMTest")               //设置名称
      .getOrCreate()                    //创建会话变量

    //加载数据
    val data = spark.read.format("libsvm").load("sample_libsvm_data.txt")

    //数据归一化
    val scaler = new StandardScaler()
      .setInputCol("features")
      .setOutputCol("scaledfeatures")
      .setWithMean(true)
      .setWithStd(true)

    val scalerdata = scaler.fit(data)
    val scaleddata = scalerdata. transform ( data ). select ( " label ",
"scaledfeatures").toDF("label","features")

    //PCA 降维
    val pca = new PCA()
      .setInputCol("features")
      .setOutputCol("pcafeatures")
      .setK(5)
      .fit(scaleddata)
    val pcadata = pca.transform(scaleddata).select("label","pcafeatures").toDF
("label","features")

    //划分数据集
    val Array(trainData, testData) = pcadata.randomSplit(Array(0.8, 0.2), seed = 20)

    //创建 SVM
    val lsvc = new LinearSVC()
      .setMaxIter(10)
      .setRegParam(0.1)
    //创建 pipeline
    val pipeline = new Pipeline()
      .setStages(Array(scaler, pca, lsvc))
    //训练模型
    val lsvcmodel = pipeline.fit(trainData)
```

```
//验证精度
val res =lsvcmodel.transform(testData).select("prediction","label")
val evaluator =new MulticlassClassificationEvaluator()
    .setLabelCol("label")
    .setPredictionCol("prediction")
    .setMetricName("accuracy")

val accuracy =evaluator.evaluate(res)
println(s"Accuracy =${accuracy}")

spark.stop()

  }
}
```

提示：在验证模型的时候与逻辑分类交替试验，并观察非线性模型的分类、逻辑回归和支持向量机各有何优势。

7.3　朴素贝叶斯分类及应用

7.3.1　算法理论

朴素贝叶斯分类器是机器学习中经典的分类模型，其特点是易于理解且执行速度快，在针对多分类问题时其复杂度也不会有很大上升。贝叶斯分类是第一种基于概率的分类方法，因贝叶斯公式而得名。朴素贝叶斯分类器是基于贝叶斯概率公式的一个朴素而有深度的模型。它的应用前提是样本特征之间相互独立，然后基于这些样本特征的条件概率乘积来计算每个分类的概率，最后选择概率最大的那个分类作为分类结果。

朴素贝叶斯分类算法是一种在分类领域易于理解且效果不错的分类方法，是以贝叶斯定理为基础的，利用了贝叶斯概率公式的特性，将先验概率和条件概率转换为所求后验概率，前提条件就是基于特征之间相互独立的假设。

先看朴素贝叶斯分类过程：

（1）设 $x=\{a_1,a_2,a_3,\cdots,a_m\}$ 为一个样本，a_i 对应 x 的一个特征属性。

（2）数据类别集合 $C=\{y_1,y_2,\cdots,y_n\}$。

（3）计算 $P(y_1|x),P(y_2|x),P(y_3|x),\cdots,P(y_n|x)$。

（4）经过计算假设 $P(y_k|x)=\max\{P(y_1|x),P(y_2|x),P(y_3|x),\cdots,P(y_n|x)\}$，那么样本 x 就划归到类别 y_k。

其中最关键的就是第三步条件概率的求解，此处涉及的就是贝叶斯概率公式。

首先要计算每个类别的样本数据集大小，然后确定该类别下每个特征属性的条件概率。其中，第 i 个类别对应的第 j 个特征下的条件概率为 $P(a_j|y_i)$，其中，$i=1,2,\cdots,n,j=1,2,\cdots,m$。

然后基于特征之间条件独立的假设，依据贝叶斯定理最终推导计算公式为

$$P(y_i \mid x) = \frac{P(x \mid y_i) P(y_i)}{P(x)}$$

下面通过一个例子帮助读者理解朴素贝叶斯具体解决的问题。

某个医院早上收了 6 个门诊病人，如下。

症状	职业	疾病
打喷嚏	护士	感冒
打喷嚏	农夫	过敏
头痛	建筑工人	脑震荡
头痛	建筑工人	感冒
打喷嚏	教师	感冒
头痛	教师	脑震荡

现在又来了第 7 个病人，是一个打喷嚏的建筑工人。请问他患上感冒的概率有多大？

根据贝叶斯定理：

$$P(A \mid B) = P(B \mid A) P(A) / P(B)$$

可得：

$$P(感冒 \mid 打喷嚏 \times 建筑工人)$$
$$= P(打喷嚏 \times 建筑工人 \mid 感冒) \times P(感冒)$$
$$/ P(打喷嚏 \times 建筑工人)$$

假定"打喷嚏"和"建筑工人"这两个特征是独立的，因此上面的等式就变成

$$P(感冒 \mid 打喷嚏 \times 建筑工人)$$
$$= P(打喷嚏 \mid 感冒) \times P(建筑工人 \mid 感冒) \times P(感冒)$$
$$/ P(打喷嚏) \times P(建筑工人)$$

这是可以计算的，算式如下。

$$P(感冒 \mid 打喷嚏 \times 建筑工人)$$
$$= 0.66 \times 0.33 \times 0.5 / 0.5 \times 0.33$$
$$= 0.66$$

因此，这个打喷嚏的建筑工人有 66% 的概率是得了感冒。同理，可以计算这个病人患上过敏或脑震荡的概率。比较这几个概率，就可以知道他最可能得什么病。

这就是贝叶斯分类器的基本方法：在统计资料的基础上，依据某些特征，计算各个类别的概率，从而实现分类。

7.3.2　朴素贝叶斯实战应用

本实例主要基于鸢尾花数据集进行分类，首先对数据集做一下说明。

Iris 鸢尾花数据集包含三类，分别为山鸢尾（Iris-setosa）、变色鸢尾（Iris-versicolor）和维吉尼亚鸢尾（Iris-virginica），共 150 条数据，每类各 50 个数据，每条记录都有 4 项特征：花萼长度、花萼宽度、花瓣长度、花瓣宽度，通常可以通过这 4 个特征预测鸢尾花卉属于哪一品种。即数据集中有 4 类观测特征和 1 个判定归属，一共有 150 条数据。更进一步说，每条数据的记录是观测一个鸢尾花瓣所具有的不同特征数，即：

• 花萼长度（sepal length）

- 花萼宽度(sepal width)
- 花瓣长度(petal length)
- 花瓣宽度(petal width)
- 种类(species)

鸢尾花种类如图 7-7 所示。

图 7-7 鸢尾花种类

本算法采用的数据集 iris.data 文件格式如图 7-8 所示。

```
5.1,3.5,1.4,0.2,Iris-setosa
4.9,3.0,1.4,0.2,Iris-setosa
4.7,3.2,1.3,0.2,Iris-setosa
4.6,3.1,1.5,0.2,Iris-setosa
5.0,3.6,1.4,0.2,Iris-setosa
5.4,3.9,1.7,0.4,Iris-setosa
4.6,3.4,1.4,0.3,Iris-setosa
5.0,3.4,1.5,0.2,Iris-setosa
4.4,2.9,1.4,0.2,Iris-setosa
4.9,3.1,1.5,0.1,Iris-setosa
5.4,3.7,1.5,0.2,Iris-setosa
4.8,3.4,1.6,0.2,Iris-setosa
4.8,3.0,1.4,0.1,Iris-setosa
4.3,3.0,1.1,0.1,Iris-setosa
5.8,4.0,1.2,0.2,Iris-setosa
5.7,4.4,1.5,0.4,Iris-setosa
5.4,3.9,1.3,0.4,Iris-setosa
5.1,3.5,1.4,0.3,Iris-setosa
5.7,3.8,1.7,0.3,Iris-setosa
```

图 7-8 iris.data 文件格式

ML 中贝叶斯方法主要是作为多类分类器进行使用的,是一系列基于朴素贝叶斯的算法。基于贝叶斯定理,每对特征之间具有强(朴素)独立性假设,即所有朴素贝叶斯分类器都假定样本每个特征与其他特征都不相关。其目的是根据向量的不同对其进行分类处理。

朴素贝叶斯可以非常有效地训练。通过对训练数据的单次传递,它计算给定每个标签的每个特征的条件概率分布。对于预测,它应用贝叶斯定理计算给定观测值每个标签的条件概率分布。

本实例涉及多分类采用 MulticlassClassificationEvaluator 来实现。完整鸢尾花贝叶斯分类实现代码如下。

程序 7-5　naive_bayes.scala

```scala
import org.apache.spark.SparkConf
import org.apache.spark.ml.classification.NaiveBayes
import org.apache.spark.ml.evaluation.MulticlassClassificationEvaluator
import org.apache.spark.ml.feature.VectorAssembler
import org.apache.spark.sql.SparkSession

import scala.util.Random

/* *
 * Author : mrchi
 * Time   : 2023/1/9
 * * /
object naive_bayes extends App {

  val conf =new SparkConf().setMaster("local").setAppName("iris")
  val spark =SparkSession.builder().config(conf).getOrCreate()
  spark.sparkContext.setLogLevel("WARN")          //日志级别

  val file =spark.read.format("csv").load("iris.data")

  import spark.implicits._

  val random =new Random()
  val data =file.map(row =>{
  val label =row.getString(4) match {
    case "Iris-setosa" =>0
    case "Iris-versicolor" =>1
    case "Iris-virginica" =>2
  }

  (row.getString(0).toDouble,
    row.getString(1).toDouble,
    row.getString(2).toDouble,
    row.getString(3).toDouble,
    label,
    random.nextDouble())
  }).toDF("_c0", "_c1", "_c2", "_c3", "label", "rand").sort("rand")

  //data.show()
  val assembler =new VectorAssembler().setInputCols(Array("_c0", "_c1", "_c2",
"_c3")).setOutputCol("features")

  val dataset =assembler.transform(data)
  val Array(train, test) =dataset.randomSplit(Array(0.8, 0.2))

  //bayes
  val bayes =new NaiveBayes().setFeaturesCol("features").setLabelCol("label")
  val model =bayes.fit(train)                    //训练数据集进行训练
  val result =model.transform(test)              //测试数据集进行测试,看看效果如何
```

```
val evaluator =new MulticlassClassificationEvaluator()
  .setLabelCol("label")
  .setPredictionCol("prediction")
  .setMetricName("accuracy")
val accuracy =evaluator.evaluate(result)
println(s"""accuracy is $accuracy""")

}
```

需要说明的是,从 Spark 3.5 开始,ML 开始支持 Complement Naive Bayes(是多项式朴素贝叶斯的改编形式),以及高斯朴素贝叶斯(Gaussian Naive Bayes,可以处理连续数据)。Multinomial Naive Bayes、Bernoulli Naive Bayes、Complement Naive Bayes 通常用于文档分类,使用可选参数"Multinomial""Complement""Bernoulli"或"Gaussian"选择模型类型,默认为"Multinomial"。Spark 还提供了一种技术,叫作平滑操作。对于测试集中的一个类别变量特征,如果在训练集里没有见过,那么直接算的话概率就是 0,而平滑操作可以缓解预测功能失效的这个问题。

7.4　决策树分类及应用

7.4.1　算法理论

决策树(Decision Tree)是一种树状分类器,每个节点表示某种属性测试条件,每个分支代表一个测试输出(即将满足条件的样本子集分配到不同分支上)。如此递归直到将样本子集分配到叶子节点上。从本质上来看,决策树是通过一系列特征对数据分类的过程。

使用决策树进行分类时,需要的过程如下。

- 决策树学习。利用样本数据训练生成决策树模型。决策树学习是一种逼近离散值目标函数的方法,它将从一组训练数据中学习到的函数表示为一棵决策树。决策树的学习过程采用自顶向下的贪婪搜索遍历所有可能的决策树空间,其核心算法是 ID3 和 C4.5。
- 修剪决策树:去掉一些噪声数据。
- 使用决策树对未知数据进行分类。

决策树算法的属性度量选择标准有三种,即信息增益(ID3)、增益比率(C4.5)和基尼指数(Gini Index)。

决策树算法是建立在信息熵上的。例如,随机事件会产生高的信息增益,越是偶然的事件带来的信息量越多,越是司空见惯的事情信息量越少。即信息量的多少与随机事件发生的概率有关,是概率的函数 $f(p)$,相互独立的两个随机事件同时发生引起的信息量是分别引起的信息量之和,即 $f(pq)=f(p)+f(q)$。具有这一性质的函数是对数函数,即:

$$I(P)=-\log_2 P$$

如果训练集合(样本集)S 有 c 个不同的类(这是需要分的类),p_i 是 S 中属于类 i 的概率,则 S 相对于 c 个状态分类的熵为

$$\text{Inf}(S) = -\sum_{i=1}^{c} p_i \log_2(p_i)$$

如果 c 为 2，可以看到 S 对于 c 个状态分类的熵如图 7-9 所示。

即只有在样本集中，两类样本数量相同时，其熵才最高为 1，如果只有一种，则熵为 0。

假设对于 S 而言，有 n 个条件（检验 T）将 S 分为 n 个子集 S_1、S_2、S_3 等，则这些条件得到的信息增益为

$$\text{Gain}(S, T) = \text{Inf}(S) - \sum_{i=1}^{n} \frac{|S_i|}{S} \text{Inf}(S_i)$$

条件（检验结构）分为以下两种。

- 离散型检验，即对于每个检验都有一个分支和输出。
- 连续型检验，即它的值是一个连续型值（数值），此时可以对其进行排序后，选择相应的阈值 Z。对于 m 个连续型值，理论上阈值有 $m-1$ 个。

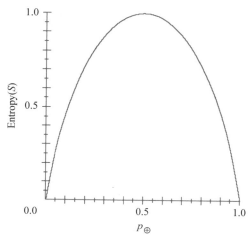

图 7-9　S 对于 c 个状态分类的熵

7.4.2　ID3 算法基础

ID3 算法是基于信息熵的一种经典决策树构建算法。ID3 算法起源于概念学习系统，以信息熵的下降速度为选取测试属性的标准，即在每个节点选取还尚未被用来划分的、具有最高信息增益的属性作为划分标准，然后继续这个过程，直到生成的决策树能完美分类训练样例。

因此可以说，ID3 算法的核心就是信息增益的计算。

信息增益是指一个事件中前后发生的不同信息之间的差值。换句话说，在决策树的生成过程中，属性选择划分前和划分后不同的信息熵差值，用公式可表示为

$$\text{Gain}(P_1, P_2) = E(P_1) - E(P_2)$$

ID3 决策树的每个节点对应一个非类别属性，每条边对应该属性的每个可能值。以信息熵的下降速度作为选取测试属性的标准，即所选的测试属性是从根到当前节点的路径上尚未被考虑的具有最高信息增益的属性。

以下是一个根据针对年龄、收入情况、是否为学生、信用评级这 4 个属性描述一个人是否购买计算机的例子，数据如图 7-10 所示。

在上面的例子中，最后分为买和不买两种，买的人数为 640，不买的人数为 384，总人数为 1024。首先计算对于此样本 S 而言两个状态的熵：

$$\text{Inf}(S) = -\left(\frac{640}{1024} \log_2 \frac{640}{1024} + \frac{384}{1024} \log_2 \frac{384}{1024} \right) = 0.9553$$

下面按照年龄、收入、学生和信誉 4 个检验 T 来检测它们对类别的影响。

计数	年龄	收入	学生	信誉	类别
64	青	高	否	良	不买
64	青	高	否	优	不买
128	中	高	否	良	买
64	老	中	否	良	买
64	老	低	是	良	买
64	老	低	是	优	不买
64	中	低	是	优	买
128	青	中	否	良	不买
64	青	低	是	良	买
128	老	中	是	良	买
64	青	中	是	优	买
32	中	中	否	优	买
32	中	高	是	良	买
64	老	中	否	优	不买

图 7-10　统计数据

（1）年龄。

① 年轻人中 128 个人买，256 个人不买，其 $\mathrm{Inf}(S_1)=0.9183$。

② 中年人中 256 个人买，0 个人不买，$\mathrm{Inf}(S_2)=0$。

③ 老年人中 256 个人买，128 个人不买，$\mathrm{Inf}(S_3)=0.9183$。

④ 信息增益值为

$$\mathrm{Gain}(\mathrm{Age})=\mathrm{Inf}(S)-\frac{|S_1|}{|S|}\mathrm{inf}(S_1)-\frac{|S_2|}{|S|}\mathrm{inf}(S_2)-\frac{|S_3|}{|S|}\mathrm{inf}(S_3)$$

$$=0.9553-\frac{384}{1024}\times0.9183-\frac{256}{1024}\times0-\frac{384}{1024}\times0.9183$$

$$=0.9553-0.75\times0.9183=0.2657$$

（2）收入。

① 高，160，128，$\mathrm{Inf}(S_1)=0.9911$。

② 中，160，192，$\mathrm{Inf}(S_2)=0.9940$。

③ 低，192，64，$\mathrm{Inf}(S_3)=0.8113$。

④ 信息增益值为

$$\mathrm{Gain}(\mathrm{income})=0.9544-((160+128)/1025)\times0.9911-\frac{352}{1024}\times$$

$$0.9940-\frac{256}{1024}\times0.8113=0.1311$$

（3）学生：0.1697。

（4）信誉：0.0462。

可以看到，年龄这个因素的信息增益量最大，因此首先使用该检测属性，其结果如图 7-11 所示。

接下来再对子节点进行信息增益的计算。

先来计算青年节点的信息熵，如表 7-1 所示。

图 7-11　使用年龄因素

表 7-1　计算青年节点的信息熵

总人数 384	买 128	不买 256		Inf(S)＝0.9183
按收入				
高	0	128		Inf(S_1)＝0.0
中	64	128		Inf(S_2)＝0.9183
低	64	0		Inf(S_3)＝0.0
				增益 0.4592
按学生与否				
是	128	0		0
否	0	256		0
				增益 0.9183
按信誉				
是	64	64		1
否	64	192		0.8113
				增益 0.0441

可以看到,按学生数具有最大的增益量,如图 7-12 所示。

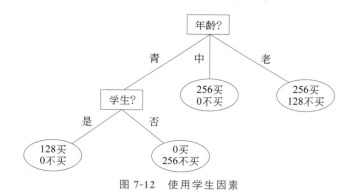

图 7-12　使用学生因素

按学生分后,就剩下二元的买或不买了。这个决策依据做出了。

接下来对年龄为老的进行分类,最后结果如图 7-13 所示。

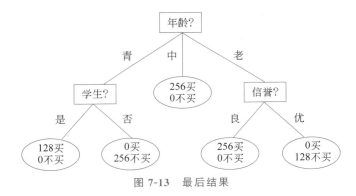

图 7-13　最后结果

可以看到,根据选择属性的顺序不同和值的不同,最后根据年龄、信誉和学生与否就做出了最后的决策(每个节点只有一个值),而收入没有参与到决策中去。

上述决策树的属性值并不是太多,当某个属性的值有很多种时,采用信息增益选择属性就会有很多的问题。最极端的情况是编号属性,即 n 个样本有 n 个值。ID3 算法采用信息增益的方式,而对于一个属性而言,值越多,其信息看起来越纯,熵越高,导致了决策容易偏向多值属性,而直接导致过学习问题(即属性对于判断并无帮助)。

7.4.3　决策树算法实战

实例需求:大多数情况下大家会选择天气好的条件下出去玩,但是有时候也会选择天气差的时候出去。天气的标准有如下 4 个属性。

- 温度
- 起风
- 下雨
- 湿度

简便起见,这里每个属性只设置两个值:0 和 1。温度高用 1 表示,温度低用 0 表示;起风用 1 表示,没有起风用 0 表示;下雨用 1 表示,没有下雨用 0 表示;湿度高用 1 表示,湿度低用 0 表示。表 7-2 给出了具体的记录。

表 7-2　出去玩否的记录

温度(temperature)	起风(wind)	下雨(rain)	湿度(humidity)	出去玩(out)
1	0	0	1	1
1	0	1	1	0
0	1	0	0	0
1	1	0	0	1
1	0	0	0	1
1	1	0	0	1

本例需要分别计算各个属性的熵,这里以是否出去玩的熵计算。具体数据集参见

DTree.txt,内容格式如下。

```
1 1:1 2:0 3:0 4:1
0 1:1 2:0 3:1 4:1
0 1:0 2:1 3:0 4:0
1 1:1 2:1 3:0 4:0
1 1:1 2:0 3:0 4:0
1 1:1 2:1 3:0 4:0
```

上面的第一列数据表示是否出去玩,后面若干键值对分别表示其对应的值。需要说明的是,这里的 key 值表示属性的序号,目的是防止有缺失值出现。value 是序号对应的具体值。

Spark 3.5 不再使用常规的模型定义,改为使用 set()方法设置参数且通过管道来设置模型。

```
def setMaxDepth(value: Int): this.type = set(maxDepth, value)

def setMaxBins(value: Int): this.type = set(maxBins, value)

def setMinInfoGain(value: Double): this.type = set(minInfoGain, value)

def setImpurity(value: String): this.type = set(impurity, value)
```

部分属性说明如下。
- Impurity(String):计算信息增益的形式
- maxDepth(Int):树的高度
- maxBins(Int):能够分裂的数据集合数量

使用管道进行训练时,需要对 DataFrame 数据集进行转换和切分,如设置索引标签和分类特征的类别等,具体参见代码。这里需要解释一下什么叫元数据(Metadata)。元数据是关于数据的数据,用来描述数据的数据,或者是信息的信息。例如,图书馆每本书中的内容是数据,那么找到每本书的索引就是元数据。元数据之所以有其他方法无法比拟的优势,就在于它可以帮助人们更好地理解数据。

完整代码如程序 7-6 所示。

程序 7-6　**DecisionTreeClassificationExample.scala**

```
import org.apache.spark.ml.Pipeline
import org.apache.spark.ml.classification.DecisionTreeClassificationModel
import org.apache.spark.ml.classification.DecisionTreeClassifier
import org.apache.spark.ml.evaluation.MulticlassClassificationEvaluator
import org. apache. spark. ml. feature. { IndexToString, StringIndexer,
VectorIndexer}
import org.apache.spark.sql.SparkSession

object DecisionTreeClassificationExample {
  def main(args: Array[String]): Unit ={
```

```
val spark =SparkSession
    .builder                                            //创建 Spark 会话
    .master("local")                                    //设置本地模式
    .appName("DecisionTreeClassificationExample")       //设置名称
    .getOrCreate()                                       //创建会话变量

//读取文件,装载数据到 Spark DataFrame 格式中
val data =spark.read.format("libsvm").load("sample_libsvm_data.txt")

//搜索标签,添加元数据到标签列
//对整个数据集包括索引的全部标签都要适应拟合
val labelIndexer =new StringIndexer()
    .setInputCol("label")
    .setOutputCol("indexedLabel")
    .fit(data)
//自动识别分类特征,并对其进行索引
val featureIndexer =new VectorIndexer()
    .setInputCol("features")                            //设置输入输出参数
    .setOutputCol("indexedFeatures")
    .setMaxCategories(4)                  //具有多于 4 个不同值的特征被视为连续特征
    .fit(data)

//按照 7:3 的比例拆分数据,70%作为训练集,30%作为测试集
val Array(trainingData, testData) =data.randomSplit(Array(0.7, 0.3))

//建立一个决策树分类器
val dt =new DecisionTreeClassifier()
    .setLabelCol("indexedLabel")
    .setFeaturesCol("indexedFeatures")

//将索引标签转换回原始标签
val labelConverter =new IndexToString()
    .setInputCol("prediction")
    .setOutputCol("predictedLabel")
    .setLabels(labelIndexer.labelsArray(0))

//把索引和决策树链接(组合)到一个管道(工作流)之中
val pipeline =new Pipeline()
    .setStages(Array(labelIndexer, featureIndexer, dt, labelConverter))

//载入训练集数据正式训练模型
val model =pipeline.fit(trainingData)
//使用测试集进行预测
val predictions =model.transform(testData)
//选择一些样例进行显示
predictions.select("predictedLabel", "label", "features").show(5)

//计算测试误差
val evaluator =new MulticlassClassificationEvaluator()
    .setLabelCol("indexedLabel")
```

```
        .setPredictionCol("prediction")
        .setMetricName("accuracy")
    val accuracy =evaluator.evaluate(predictions)
    println(s"Test Error =$ {(1.0 -accuracy)}")

val treeModel =model.stages(2).asInstanceOf[DecisionTreeClassificationModel]
    println( s " Learned  classification  tree  model: \ n  ${ treeModel.
    toDebugString}")
    spark.stop()
  }
}
```

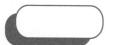 小结

　　本章介绍了常见的机器学习分类算法及其在 ML 中的实战应用。其中,逻辑回归和支持向量机是常用的分类方法。对于多元的线性回归分类,由于逻辑回归在算法上有一点欠缺,因此,使用支持向量机对多元数据进行分类可以较好地实现拟定的分类任务,其过拟合和欠拟合现象较少。朴素贝叶斯目前常用于文本分类,本章基于鸢尾花分类展开实战,决策树分类算法主要介绍了 ID3 算法基础及决策树在 ML 中的应用。

第 8 章　数据降维及应用

数据降维又称维数约简，就是降低数据的维度。其方法有很多种，从不同角度入手可以有不同的分类，主要分类方法有：根据数据的特性可以划分为线性降维和非线性降维，根据是否考虑和利用数据的监督信息可以划分为无监督降维、有监督降维和半监督降维，根据保持数据的结构可以分为全局保持降维、局部保持降维和全局与局部保持一致降维等。需要根据特定的问题选择合适的数据降维方法。

数据降维一方面可以解决"维数灾难"，缓解信息丰富、知识贫乏的现状，降低复杂度；另一方面可以更好地认识和理解数据。本章实战部分主要讲解 ML 中的主成分分析（PCA）和奇异值分解（SVD）。

本章学习目标

- 数据降维概述
- PCA 的理论及应用
- SVD 的理论及应用

8.1　数据降维概述

机器学习领域中所谓的降维就是指采用某种映射方法，将原高维空间中的数据点映射到低维度的空间中。降维的本质是学习一个映射函数 $f : x \rightarrow y$，其中，x 是原始数据点的表达，目前多使用向量表达形式。y 是数据点映射后的低维向量表达，通常 y 的维度小于 x 的维度（当然提高维度也是可以的）。f 可能是显式的或隐式的、线性的或非线性的。

目前大部分降维算法处理向量表达的数据，也有一些降维算法处理高阶张量表达的数据。之所以使用降维后的数据表示，是因为在原始的高维空间中，包含冗余信息以及噪声信息，在实际应用例如图像识别中造成了误差，降低了准确率；而通过降维，我们希望减少冗余信息所造成的误差，提高识别（或其他应用）的精度。又或者希望通过降维算法来寻找数据

内部的本质结构特征。

在很多算法中,降维算法成为数据预处理的一部分,如 PCA。事实上,有一些算法如果没有降维预处理,其实是很难得到很好的效果的。

8.2 PCA 降维算法

8.2.1 PCA 算法理论

为了帮助读者更好地理解 PCA 思想,下面不会马上引入严格的数学推导,而是希望读者通过以下 PCA 在生活中的实际应用举例来更好地理解 PCA。

一般情况下,在数据挖掘和机器学习中,数据被表示为向量。例如,某淘宝店某年全年的流量及交易情况可以看成一组记录的集合,每天的数据是一条记录,其中,"日期"是一个记录标志而非度量值,而数据挖掘关心的大多是度量值,因此如果忽略日期这个字段,得到一组记录,每条记录可以被表示为一个五维向量,其中一条看起来大约是这个样子:

$$(500, 240, 25, 13, 2312, 15)^T$$

注意这里用了转置,因为习惯上使用列向量表示一条记录,本书后面也会遵循这个准则。不过为了方便有时会省略转置符号,但说到向量时默认都是指列向量。

当然可以对这一组五维向量进行分析和挖掘,不过很多机器学习算法的复杂度和数据的维数有着密切关系,甚至与维数呈指数级关联。当然,这里区区五维的数据,也许还无所谓,但是实际机器学习中处理成千上万甚至几十万维的情况也并不罕见,在这种情况下,机器学习的资源消耗是不可接受的,因此必须对数据进行降维。

降维当然意味着信息的丢失,不过鉴于实际数据本身常常存在的相关性,可以想办法在降维的同时将信息的损失尽量降低。

举个例子,假如某学籍数据有两列 M 和 F,其中,M 列的取值是如果此学生为男性取值 1,为女性取值 0;而 F 列是学生为女性取值 1,男性取值 0。此时如果统计全部学籍数据,会发现对于任何一条记录来说,当 M 为 1 时 F 必定为 0,反之当 M 为 0 时 F 必定为 1。在这种情况下,将 M 或 F 去掉实际上没有任何信息的损失,因为只要保留一列就可以完全还原另一列。

当然上面是一个极端的情况,在现实中也许不会出现,不过类似的情况还是很常见的。例如上面淘宝店铺的数据,根据经验可以知道,"浏览量"和"访客数"往往具有较强的相关关系,而"下单数"和"成交数"也具有较强的相关关系。这里非正式地使用"相关关系"这个词,可以直观地理解为"当某一天这个店铺的浏览量较高(或较低)时,应该很大程度上认为这一天的访客数也较高(或较低)"。

这种情况表明,如果删除浏览量或访客数其中一个指标,应该期待并不会丢失太多信息。因此可以删除一个,以降低机器学习算法的复杂度。

上面给出的是降维的朴素思想描述,有助于直观理解降维的动机和可行性。例如,到底删除哪一列损失的信息才最小?抑或根本不是单纯删除几列,而是通过某些变换将原始数据变为更少的列但又使得丢失的信息最小?到底如何度量丢失信息的多少?如何根据原始数据决定具体的降维操作步骤?

要回答上面的问题,就要对降维问题进行数学化和形式化的讨论。而 PCA 是一种具有严格数学基础并且已被广泛采用的降维方法。

Principal Component Analysis(PCA)是最常用的线性降维方法,它的目标是通过某种线性投影,将高维的数据映射到低维的空间中表示,并期望在所投影的维度上数据的方差最大,以此使用较少的数据维度,同时保留住较多的原数据点的特性。

通俗地理解,如果把所有的点都映射到一起,那么几乎所有的信息(如点和点之间的距离关系)都丢失了,而如果映射后方差尽可能的大,那么数据点则会分散开来,以此来保留更多的信息。可以证明,PCA 是丢失原始数据信息最少的一种线性降维方式。(实际上就是最接近原始数据,但是 PCA 并不试图去探索数据内在结构。)

理解 PCA 需要较多的数学基础知识,下面还是以例子的形式为读者讲解 PCA 基础。

假设有一个二维数据集$(x_1, x_2, x_3, \cdots, x_n)$,分布如图 8-1 所示,要求将其从二维降成一维数据。

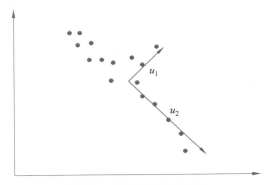

图 8-1 主成分分析原理图

其中,u_1 和 u_2 分别为其数据变化的主方向,u_1 变化的幅度大于 u_2 变化的幅度,即可认为数据集在 u_1 方向上的变化比 u_2 方向上的大。为了更加数字化地表示 u_1 和 u_2 的大小,可参考如下公式。

$$A = \frac{1}{m} \sum_{i=1}^{m} (x_i)(x_i)^t$$

计算后可得到数据集的协方差矩阵 A。可以证明计算结果数据变化的 u_1 方向为协方差矩阵 A 的主方向,u_2 为次级方向。

之后可以将数据集使用 u_1 和 u_2 的矩阵形式进行表达,即

$$x_{\text{rot}} = \begin{bmatrix} u_1^\top x \\ u_2^\top x \end{bmatrix} = u_1^\top x_i$$

x_{rot} 是数据重构后的结果,此时二维数据集通过 u_1 以一维的形式表示。如果将其推广到更一般的情况,当 x_{rot} 包含更多的方向向量时,则只需要选取前若干成分表示整体数据集。

$$x_{\text{rot}} = \begin{bmatrix} u_1^\top x \\ u_2^\top x \\ \cdots \\ 0 \\ 0 \end{bmatrix} = u_1^\top x \times u_2^\top x \cdots x_i$$

提示：整体推导过程和公式计算较为复杂，建议感兴趣的读者参考统计学关于主成分分析的相关资料。

可以这样说，PCA 将数据集的多个特征降维，可以对其进行数据缩减。例如，当十维的样本数据被处理后只保留二维数据进行，整体数据集被压缩 80％，极大地提高了运行效率。

8.2.2　PCA 算法实战

对于 ML 中的 PCA 算法，PCA 是一种统计程序，使用正交变换将一组可能相关的变量的观测值，转换为一组称为主成分的线性不相关变量的值。PCA 类训练模型使用 PCA 将向量投影到低维空间。

程序 8-1　**PCADemo.scala**

```scala
import org.apache.spark.ml.feature.PCA
import org.apache.spark.ml.linalg.Vectors
import org.apache.spark.sql.SparkSession

object PCAExample {
  def main(args: Array[String]): Unit = {
    val spark = SparkSession
      .builder                              //创建 Spark 会话
      .master("local")                      //设置本地模式
      .appName("PCAExample")                //设置名称
      .getOrCreate()                        //创建会话变量

    //加载向量
    val data = Array(
      Vectors.sparse(5, Seq((1, 1.0), (3, 7.0))),
      Vectors.dense(2.0, 0.0, 3.0, 4.0, 5.0),
      Vectors.dense(4.0, 0.0, 0.0, 6.0, 7.0)
    )
    val df = spark.createDataFrame(data.map(Tuple1.apply)).toDF("features")

    //提取主成分,设置主成分个数
    val pca = new PCA()
      .setInputCol("features")
      .setOutputCol("pcaFeatures")
      .setK(3)
      .fit(df)

    //打印结果
    val result = pca.transform(df).select("pcaFeatures")
    result.show(false)

    spark.stop()
  }
}
```

上面的例子展示了如何将五维特征向量投影到三维主成分中。PCA 类训练模型使用 PCA 将向量投影到低维空间。其中，setK()中的参数是主成分的个数。

具体结果如下。

```
+--------------------------------------------------------------------+
|pcaFeatures                                                         |
+--------------------------------------------------------------------+
|[1.6485728230883807,-4.013282700516296,-5.524543751369388]          |
|[-4.645104331781534,-1.1167972663619026,-5.524543751369387]         |
|[-6.428880535676489,-5.3379514277775355,-5.524543751369389]         |
+--------------------------------------------------------------------+
```

8.3 SVD 算法

8.3.1 SVD 理论

8.2 节讲解了 PCA。PCA 的实现一般有两种，一种是用特征值分解去实现的，另一种是用奇异值分解去实现的。特征值和奇异值在大部分人的印象中，往往停留在纯粹的数学计算中。而且线性代数或者矩阵论里面，也很少讲任何与特征值与奇异值有关的应用背景。奇异值分解是一个有着很明显的物理意义的方法，它可以将一个比较复杂的矩阵用更小更简单的几个子矩阵的相乘来表示，这些小矩阵描述的是矩阵的重要特征。就像是描述一个人一样，给别人描述这个人长得浓眉大眼，方脸，络腮胡，而且戴副黑框的眼镜，这样几个特征，就让别人脑海里面有了一个较为清楚的认识。实际上，人脸上的特征是有着无数种的，之所以能这么描述，是因为人天生就有着非常好的抽取重要特征的能力，让机器学会抽取重要的特征，奇异值分解（Singular Value Decomposition，SVD）是一个重要的方法。

在机器学习领域，有相当多的应用与奇异值都可以关联到，比如做 feature reduction 的 PCA，做数据压缩（以图像压缩为代表）的算法，还有做搜索引擎语义层次检索的 LSI（Latent Semantic Indexing）。

SVD 是线性代数中一种重要的矩阵分解方法，涉及的原理很复杂，这里用比较简单的图例来说明。奇异值分解算法其实是众多矩阵分解的一种，除了在 PCA 上使用，也用于推荐。

一般来说，一个矩阵可以用其特征向量来表示，即矩阵 $\boldsymbol{A}$ 可以表示为

$$\boldsymbol{A\lambda} = \boldsymbol{V\lambda}$$

这里 $\boldsymbol{V}$ 就被称为特征向量 $\boldsymbol{\lambda}$ 对应的特征值。首先需要知道的是，任意一个矩阵在与一个向量相乘后，就相当于进行了一次线性处理，例如：

$$\boldsymbol{A} = \begin{bmatrix} 3 & 0 \\ 0 & 1 \end{bmatrix} = \begin{bmatrix} 3 & 0 \\ 0 & 1 \end{bmatrix}\begin{bmatrix} x \\ y \end{bmatrix} = \begin{bmatrix} 3x \\ y \end{bmatrix}$$

可以将其进行线性变换，得到如图 8-2 所示的形式。

可以认为一个矩阵在计算过程中将它在一个方向上进行拉伸，需要关心的是拉伸的幅度与

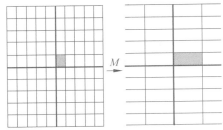

图 8-2 奇异值分解图示

方向。

　　一般情况下,拉伸幅度在线性变换中是可以忽略或近似计算的一个量,需要关心的仅是拉伸的方向,即变换的方向。当矩阵维数已定时,可以将其分解成若干带有方向特征的向量,获取其不同的变换方向从而确定出矩阵。

　　基于以上解释,可以简单地把奇异值分解理解为:一个矩阵分解成带有方向向量的矩阵相乘,即

$$A = U\Sigma V^{\top}$$

用图示表示如图 8-3 所示。

　　其中,U 是一个 $M \times K$ 的矩阵,Σ 是一个 $K \times K$ 的矩阵,而 V 也是一个 $N \times K$ 的矩阵,这三个方阵相乘的结果就是形成一个近似 A 的矩阵。这样

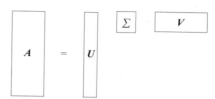

图 8-3　将矩阵分解为带有方向向量的矩阵

做的好处是能够极大地减少矩阵的存储空间,很多数据矩阵在经过 SVD 处理后,其所占空间只有原先的 10%,从而极大地提高了运算效率。

8.3.2　SVD 实战应用

　　这里用与 8.2 节同样的数据进行处理,具体如下。

```
Vectors.sparse(5, Seq((1, 1.0), (3, 7.0))),
Vectors.dense(2.0, 0.0, 3.0, 4.0, 5.0),
Vectors.dense(4.0, 0.0, 0.0, 6.0, 7.0)
```

　　另外是对源码的分析。在奇异值分解算法中,整个算法计算的基础是建立有效行矩阵。因此可以在其基础上进行奇异值分解。全部代码如程序 8-2 所示。

　　程序 8-2　SVDDemo.scala

```
import org.apache.spark.mllib.linalg.Vectors
import org.apache.spark.mllib.linalg.distributed.RowMatrix
import org.apache.spark.sql.SparkSession


object SVD {
  def main(args: Array[String]): Unit ={
    val spark =SparkSession
      .builder                              //创建 Spark 会话
      .master("local")                      //设置本地模式
      .appName("SVD")                       //设置名称
      .getOrCreate()                        //创建会话变量

    //加载向量
    val data =Array(
      Vectors.sparse(5, Seq((1, 1.0), (3, 7.0))),
      Vectors.dense(2.0, 0.0, 3.0, 4.0, 5.0),
      Vectors.dense(4.0, 0.0, 0.0, 6.0, 7.0)
    )
```

```
//转换成 RowMatrix 的输入格式
val data1 = spark.sparkContext.parallelize(data)

//建立模型
val rm = new RowMatrix(data1)                    //读入行矩阵
val SVD = rm.computeSVD(2, computeU = true)      //进行 SVD 计算
println(SVD)                                      //打印 SVD 结果矩阵


    }
}
```

除了可以对 SVD 进行直接打印外,还有对 SVD 中分解的矩阵求出的方法,代码如下。

```
val U = SVD.U
val s = SVD.S
val V = SVD.V
```

结果请读者自行验证。

 小结

　　本章主要讲解了数据降维的相关基础理论及实战应用,主要包括三部分:数据降维概述、PCA 的理论及应用、SVD 的理论及应用。本章的学习主要为数据模型训练之前的数据预处理夯实基础,理解在实际应用中降低维度对机器学习效果的重要作用,并能够运用 Spark ML 来实现典型降维算法模型的实战。

第9章 聚类算法及应用

聚类分析又称为群分析,它是研究(样品或指标)分类问题的一种统计分析方法,同时也是数据挖掘的一个重要算法。聚类(Cluster)分析是由若干模式(Pattern)组成的,通常,模式是一个度量(Measurement)的向量,或者是多维空间中的一个点。聚类分析以相似性为基础,在一个聚类中的模式之间比不在同一聚类中的模式之间具有更多的相似性。聚类分析的算法可以分为划分法(Partitioning Methods)、层次法(Hierarchical Methods)、基于密度的方法(Density-based Methods)。其中最经典的算法就是 K-means 算法,这是最常用的聚类算法,另外本章还将探讨高斯混合聚类和快速迭代聚类两种算法及应用。

本章学习目标

- 聚类理论基础
- K-means 算法的理论及应用
- 高斯混合聚类的理论及应用
- 快速迭代聚类的理论及应用

9.1 聚类理论基础

俗语说,物以类聚、人以群分。当有一个分类指标时,分类比较容易。但是当有多个指标时,要进行分类就不是很容易了。例如,要想把中国的县分成若干类,可以按照自然条件来分:考虑降水、土地、日照、湿度等各方面;也可以考虑收入、教育水准、医疗条件、基础设施等指标;对于多指标分类,由于不同的指标项对重要程度或依赖关系是相互不同的,所以也不能用平均的方法,因为这样会忽视相对重要程度的问题。所以需要进行多元分类,即聚类分析。最早的聚类分析是由考古学家在对考古分类的研究中发展起来的,同时又应用于昆虫的分类中,此后又广泛地应用在天气、生物等方面。对于一个数据,人们既可以对变量(指标)进行分类(相当于对数据中的列分类),也可以对观测值(事件,样品)来分类(相当于对数据中的行分类)。

聚类的目的是分析出相同特性的数据,或样本之间能够具有一定的相似性,即每个不同的数据或样本可以被一个统一的形式描述出来,而不同的聚类群体之间则没有此项特性。

聚类与分类有着本质的区别:聚类属于无监督学习,没有特定的规则和区别;分类属于有监督学习,即有特定的目标或者明确的区别,人为可分辨。

聚类算法在工作前并不知道结果如何,不会知道最终将数据集或样本划分成多少个聚类集,每个聚类集之间的数据有何种规则。聚类的目的在于发现数据或样本属性之间的规律,可以通过何种函数关系式进行表示。

聚类的要求是统一聚类集之间相似性最大,而不同聚类集之间相似性最小。ML中常用的聚类方法主要是 K-means、高斯混合聚类和快速迭代聚类等,这些都将在本章中详细讲解其理论及应用实战。

9.2 K-means 算法基础及应用

9.2.1 K-means 算法理论

K-means 算法属于基于划分的聚类算法,是最经典的聚类算法。首先所谓基于划分的算法指的是给定一个有 N 个元组或者记录的数据集,分裂法将构造 K 个分组,每个分组就代表一个聚类,$K < N$。而且这 K 个分组满足下列条件:①每个分组至少包含一个数据记录;②每个数据记录属于且仅属于一个分组(注意:这个要求在某些模糊聚类算法中可以放宽)。对于给定的 K,算法首先给出一个初始的分组方法,以后通过反复迭代的方法改变分组,使得每次改进之后的分组方案都较前一次好,而所谓好的标准就是:同一分组中的记录越近越好,而不同分组中的记录越远越好。使用这个基本思想的算法有 K-means 算法、K-medoids 算法、CLARANS 算法。

K-means 算法接收输入量 k;然后将 n 个数据对象划分为 k 个聚类以便使得所获得的聚类满足:同一聚类中的对象相似度较高,而不同聚类中的对象相似度较小。聚类相似度是利用各聚类中对象的均值所获得的一个"中心对象"(引力中心)来进行计算的。

K-means 算法的工作过程说明如下:首先从 n 个数据对象中任意选择 k 个对象作为初始聚类中心;而对于所剩下的其他对象,则根据它们与这些聚类中心的相似度(距离),分别将它们分配给与其最相似的(聚类中心所代表的)聚类;然后再计算每个所获新聚类的聚类中心(该聚类中所有对象的均值);不断重复这一过程直到标准测度函数开始收敛为止。一般采用均方差作为标准测度函数。k 个聚类具有以下特点:各聚类本身尽可能紧凑,而各聚类之间尽可能分开。

衡量样本点到聚类中心的相似度一般是基于距离方式进行计算。欧几里得相似度计算是一种基于样本点之间直线距离的计算方式。在相似度计算中,不同的样本点可以将其定义为不同的坐标点,而特定目标定位坐标原点。使用欧几里得距离计算两个点之间的绝对距离,公式如下。

$$d = \sqrt{(x_1 - x_2)^2 + (y_1 - y_2)^2}$$

ML 中 K-means 在进行工作时设定了最大的迭代次数,因此一般在运行的时候达到设定的最大迭代次数时就停止迭代。

K-means 由于其算法设计的一些基本理念,在对数据处理时效率不高。ML 充分利用了 Spark 框架的分布式计算的便捷性,还设计了一个包含 K-means ++方法的并行化变体,称为 K-means||,从而提高了运算效率。

K-means 算法的结果好坏依赖对初始聚类中心的选择,容易陷入局部最优解,对 k 值的选择没有准则可依循,对异常数据较为敏感,只能处理数值属性的数据,聚类结构可能不平衡。

9.2.2 K-means 算法实战

该实例使用的数据为 sample_kmeans_data.txt,可以在项目根目录中找到。在该文件中提供了 6 个点的空间位置坐标,使用 K-means 聚类对这些点进行分类。

使用的 sample_kmeans_data.txt 的数据如下所示。

```
0.0 0.0 0.0
0.1 0.1 0.1
0.2 0.2 0.2
9.0 9.0 9.0
9.1 9.1 9.1
9.2 9.2 9.2
```

其中每一行都是一个坐标点的坐标值。

fit()方法是 ML 中 K-means 模型的训练方法,其内容如下。

```
 Class   KMeans   extends   Estimator ［ KMeansModel ］  with  KMeansParams
with DefaultParamsWritable
//KMeans 类
def fit(dataset: Dataset[_]): KMeansModel
//训练的方法
```

若干参数可由一系列 set 函数来设置,参数解释如下。

- data:Dataset[_]:输入的数据集。
- setK(value:Int):聚类分成的数据集数。
- setMaxIter(value:Int):最大迭代次数。

聚类算法的应用代码参照程序 9-1。

程序 9-1　**KMeansExample.scala**

```
import org.apache.spark.ml.clustering.KMeans
import org.apache.spark.ml.evaluation.ClusteringEvaluator
import org.apache.spark.sql.SparkSession
object KMeansExample {
def main(args: Array[String]): Unit ={
    val spark =SparkSession
        .builder                              //创建 Spark 会话
        .master("local")                      //设置本地模式
```

```
        .appName("K-means")                        //设置名称
        .getOrCreate()                             //创建会话变量
    //读取数据
    val dataset =spark.read.format("libsvm").load("sample_kmeans_data.txt")
    //训练模型,设置参数,载入训练集数据正式训练模型
    val kmeans =new KMeans().setK(3).setSeed(1L)
    val model =kmeans.fit(dataset)
    //使用测试集作预测
    val predictions =model.transform(dataset)
    //使用轮廓分评估模型
    val evaluator =new ClusteringEvaluator()
    val silhouette =evaluator.evaluate(predictions)
    println(s"Silhouette with squared euclidean distance =$silhouette")
    //展示结果
    println("Cluster Centers: ")
    model.clusterCenters.foreach(println)
    spark.stop()
  }
}
```

其中,项目中需要引入 Spark 核心包、机器学习包等依赖,本章项目对应的依赖具体代码如下。

程序 9-2　pom.xml

```
<dependencies>
    <dependency>
        <groupId>org.scala-lang</groupId>
        <artifactId>scala-library</artifactId>
        <version>2.12.7</version>
    </dependency>
    <dependency>
        <groupId>org.apache.spark</groupId>
        <artifactId>spark-core_2.12</artifactId>
        <version>3.1.1</version>
    </dependency>
    <!--引入 sparkStreaming 依赖-->
    <dependency>
        <groupId>org.apache.spark</groupId>
        <artifactId>spark-streaming_2.12</artifactId>
        <version>3.1.1</version>
    </dependency>
     <dependency>
        <groupId>org.apache.spark</groupId>
        <artifactId>spark-mllib_2.12</artifactId>
        <version>3.1.1</version>
    </dependency>
</dependencies>
```

其中,轮廓分数使用 ClusteringEvaluator,它测量一个簇中的每个点与相邻簇中点的接近程度,从而帮助判断簇是否紧凑且间隔良好。时间复杂度为 $O(tknm)$,其中,t 为迭代次

数、k 为簇的数目、n 为样本点数、m 为样本点维度。空间复杂度为 $O(m(n+k))$，其中，k 为簇的数目、m 为样本点维度、n 为样本点数。K-means 是对三维数据进行聚类处理，如果是更高维的数据，请读者自行修改数据集进行计算和验证，程序的运行结果请自行打印验证。

9.3　高斯混合聚类

9.3.1　高斯聚类理论

在介绍高斯聚类之前，先来看看高斯分布，即我们熟悉的正态分布。

正态分布是一个在数学、物理及工程等领域都非常重要的概率分布，在统计学的许多方面有着重大的影响力。

正态分布具有以下特点。

- 集中性：正态曲线的高峰位于正中央，即均数所在的位置。
- 对称性：正态曲线以均数为中心，左右对称，曲线两端永远不与横轴相交。
- 均匀变动性：正态曲线由均数所在处开始，分别向左右两侧逐渐均匀下降。

若随机变量 X 服从一个数学期望为 μ、方差为 σ^2 的正态分布，记为 $X \sim N(\mu, \sigma^2)$。其中，期望值 μ 决定了其位置，标准差 σ 决定了分布的幅度。当 $\mu=0$，$\sigma=1$ 时，正态分布是标准正态分布，如图 9-1 所示。

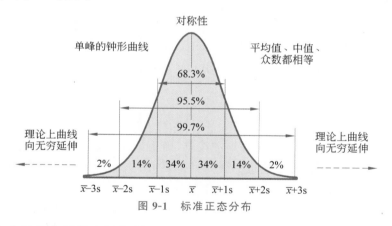

图 9-1　标准正态分布

正态分布有极其广泛的实际背景，生产与科学实验中很多随机变量的概率分布都可以近似地用正态分布来描述。例如，在生产条件不变的情况下，产品的强力、抗压强度、口径、长度等指标；同一种生物体的身长、体重等指标；同一种种子的重量；测量同一物体的误差；弹着点沿某一方向的偏差；某个地区的年降水量；以及理想气体分子的速度分量，等等。一般来说，如果一个量是由许多微小的独立随机因素影响的结果，那么就可以认为这个量具有正态分布（见中心极限定理）。从理论上看，正态分布具有很多良好的性质，许多概率分布可以用它来近似；还有一些常用的概率分布是由它直接导出的，例如，对数正态分布、t 分布、F 分布等。

高斯模型有单高斯模型(SGM)和高斯混合模型(GMM)两种。单高斯模型也就是平时所说的高斯分布(正态分布),概率密度函数服从上面的正态分布的模型叫作单高斯模型。本章主要基于混合模型实现聚类。

混合高斯模型聚类(GMM)和K-means其实是十分相似的,区别仅在于对GMM来说,我们引入了概率。统计学习的模型有两种,一种是概率模型,另一种是非概率模型。所谓概率模型,就是指要学习的模型的形式是$P(Y|X)$,这样在分类的过程中,通过未知数据X可以获得Y取值的一个概率分布,也就是训练后模型得到的输出不是一个具体的值,而是一系列值的概率(对应于分类问题来说,就是对应各个不同的类的概率),然后可以选取概率最大的那个类作为判决对象(算软分类)。而非概率模型,就是指学习的模型是一个决策函数$Y=f(X)$,输入数据X是多少就可以投影得到唯一的一个Y,就是判决结果(算硬分类)。回到GMM,学习的过程就是训练出几个概率分布,所谓混合高斯模型就是指对样本的概率密度分布进行估计,而估计的模型是几个高斯模型加权之和(具体是几个要在模型训练前建立好)。每个高斯模型就代表了一个类(一个Cluster)。对样本中的数据分别在几个高斯模型上投影,就会分别得到在各个类上的概率。然后可以选取概率最大的类作为判决结果。

得到概率有什么好处呢?我们知道人很聪明,就是在于我们会用各种不同的模型对观察到的事物和现象做判决和分析。当你在路上发现一条狗的时候,你可能光看外形好像邻居家的狗,又更像一点点女朋友家的狗,你很难判断,所以从外形上看,用软分类的方法,是女朋友家的狗概率是51%,是邻居家的狗的概率是49%,属于一个易混淆的区域内,这时你可以再用其他办法进行区分到底是谁家的狗。而如果是硬分类的话,你所判断的就是女朋友家的狗,没有"多像"这个概念,所以不方便多模型的融合。

从中心极限定理的角度上看,把混合模型假设为高斯的是比较合理的,当然也可以根据实际数据定义成任何分布的Mixture Model,不过定义为高斯的在计算上有一些方便之处,另外,理论上可以通过增加Model的个数,用GMM近似任何概率分布。

混合高斯模型的定义为

$$p(x) = \sum_{K-1}^{K} \pi_k p(x \mid k)$$

其中,K为模型的个数,π_k为第k个高斯的权重,则为第k个高斯的概率密度函数,其均值为μ_k,方差为σ_k。我们对此概率密度的估计就是要求π_k、μ_k和σ_k。当求出表达式后,求和式的各项的结果就分别代表样本x属于各个类的概率。

在做参数估计的时候,常采用的方法是最大似然。最大似然法就是使样本点在估计的概率密度函数上的概率值最大。由于概率值一般都很小,N很大的时候这个连乘的结果非常小,容易造成浮点数下溢。所以通常取log,将目标改写成

$$\max \sum_{i=1}^{N} \log p(x_i)$$

也就是最大化log-likelihood function,完整形式则为

$$\max \sum_{i=1}^{N} \log \left(\sum_{k=1}^{K} \pi_k N(x_i \mid \mu_k \sigma_k) \right)$$

一般用来做参数估计的时候,都是通过对待求变量进行求导来求极值,在上式中,log函数中又有求和,用求导的方法算的话方程组将会非常复杂,所以不考虑用该方法求解(没

有闭合解）。可以采用的求解方法是 EM 算法——将求解分为两步：第一步是假设知道各个高斯模型的参数（可以初始化一个，或者基于上一步迭代结果），去估计每个高斯模型的权值；第二步是基于估计的权值，回过头再去确定高斯模型的参数。重复这两个步骤，直到波动很小，近似达到极值（注意这里是个极值不是最值，EM 算法会陷入局部最优）。

9.3.2　高斯混合聚类应用

高斯混合聚类采用的数据集与 K-means 对应的数据集相同，这里不再显示数据格式。下面先来看一下高斯混合模型的程序，如程序 9-3 所示。

程序 9-3　**GaussianMixtureDemo.scala**

```scala
import org.apache.spark.ml.clustering.GaussianMixture

import org.apache.spark.sql.SparkSession

object GaussianMixtureDemo {
  def main(args: Array[String]): Unit = {
    val spark = SparkSession
      .builder                                     //创建 Spark 会话
      .master("local")                             //设置本地模式
      .appName("GaussianMixtureExample")           //设置名称
      .getOrCreate()                               //创建会话变量

    //读取数据
    val dataset = spark.read.format("libsvm").load("sample_kmeans_data.txt")

    //训练 Gaussian Mixture Model,并设置参数
    val gmm = new GaussianMixture()
      .setK(2)
    val model = gmm.fit(dataset)

    //逐个打印单个模型
    for (i <- 0 until model.getK) {
      println(s"Gaussian $i:\nweight=${model.weights(i)}\n" +
      s"mu=${model.gaussians(i).mean}\nsigma=\n${model.gaussians(i).cov}\
n")
    }
    //

    spark.stop()
  }
}
```

需要说明的是，new GaussianMixture().setK(2)方法用于设置训练模型的分类数，可以在打印结果中看到模型被分成两个聚类结果。可以增加 Model 的个数，来让 GMM 近似任何概率分布。读者可以自行验证结果。

9.4　快速迭代聚类

快速迭代聚类（Power Iteration Cluster，PIC，也叫幂迭代聚类）是聚类方法的一种，但是其基础理论比较难，本节将简单介绍其基本理论基础和使用示例。

9.4.1　快速迭代聚类理论基础

前面介绍了 K-means 聚类与高斯混合聚类，本节介绍另外一种聚类方法——PIC。PIC 是谱聚类的一种，是由 Lin 和 Cohen 开发的可拓展图聚类算法。

首先介绍一下谱聚类。

谱聚类是最近聚类研究的一个热点问题，是建立在图论理论上的一种新的聚类算法。谱聚类基于谱图原理，根据数据集的相似度矩阵进行聚类，具有更强的数据分布适应性。

1. 计算相似度矩阵

谱聚类的思想为将带权无向图划分为两个或两个以上的最优子图，要求子图内尽量相似而不同子图间距离尽量较远，以达到每个子图构成一个聚类的目的。在无向图中，对于点 1 和点 2，可以定义两点之间的距离为 w，从而构建相似度矩阵 $\boldsymbol{W}$。

这里相似度最常使用的为欧氏距离，也可以使用高斯核函数、余弦相似度等计算相似度。欧氏距离计算公式如下。

$$d(x,y)=\sqrt{\sum(x_i-y_i)^2}$$

2. 计算度矩阵

度是图论中的概念，也就是矩阵 $\boldsymbol{W}$ 的行或者列的元素之和。

3. 计算拉普拉斯矩阵

谱聚类基于前面的相似度矩阵与度矩阵构造拉普拉斯矩阵，通过特征值计算评估不同数据的相似度。这里可以理解为将原始数据嵌入由相似度矩阵映射出来的低维子空间，然后直接通过常规的聚类算法得到聚类结果。

$$L=\boldsymbol{D}^{-1}\boldsymbol{W}$$

其中，$\boldsymbol{D}$ 为度矩阵，$\boldsymbol{W}$ 为相似度矩阵。后续涉及特征值与特征向量的计算，通过对特征向量使用 K-means 算法进行聚类。

快速迭代聚类是谱聚类的一种。快速迭代聚类的基本原理是使用含有权重的无向线将样本数据连接在一张无向图中，之后按相似度进行划分，使得划分后的子图内部具有最大的相似度而不同子图具有最小的相似度从而达到聚类的效果。

9.4.2　PIC 实战

与前面 K-means 和 GMM 不同，这里的数据不再以 libsvm 的稀疏形式给出，而是遵循 Spark PIC 约定的无向带权图形式（src，dst，weight），格式为 Seq[(Long)，(Long)，(Double)]，因此可以建立以下数据集。

```
(0L, 1L, 1.0),
(0L, 2L, 1.0),
(1L, 2L, 1.0),
(3L, 4L, 1.0),
(4L, 0L, 0.1)
```

其中,第一个参数和第二个参数是第一个点和第二个数据点的编号,即其 ID(src 和 dst);第三个参数为相似度计算值 weight。以 (0L,1L,1.0) 为例,其中 0L 代表边的起点, 1L 代表边的终点,1.0 为边的权重。

PIC 应用实例如程序 9-4 所示。

程序 9-4　PIC.scala

```scala
import org.apache.spark.ml.clustering.PowerIterationClustering

import org.apache.spark.sql.SparkSession

object PIC{
    def main(args: Array[String]): Unit ={
     val spark =SparkSession
        .builder                                          //创建 Spark 会话
        .master("local")                                  //设置本地模式
        .appName("PowerIterationClusteringExample")       //设置名称
        .getOrCreate()                                    //创建会话变量

        //创建快速迭代聚类的数据源
        val dataset =spark.createDataFrame(Seq(
            (0L, 1L, 1.0),
            (0L, 2L, 1.0),
            (1L, 2L, 1.0),
            (3L, 4L, 1.0),
            (4L, 0L, 0.1)
        )).toDF("src", "dst", "weight")

        //创建专用类
        val model =new PowerIterationClustering().
            setK(2).                                       //设定聚类数
            setMaxIter(20).                                //设置迭代次数
            setInitMode("degree").                         //初始化算法的参数
            setWeightCol("weight")                         //权重列名称的参数

        //进行数据集预测
        val prediction =model.assignClusters(dataset).select("id", "cluster")
        //展示结果
        prediction.show(false)

        spark.stop()
    }
}
```

运行结果为

```
+---+-------+
|id |cluster |
+---+-------+
|4  |1      |
|0  |0      |
|1  |0      |
|3  |1      |
|2  |0      |
+---+-------+
```

可以看到 PIC 基于当前数据无向带权图进行特征值计算并最终将数据分类,与传统的 K-means、GMM 不同的是,PIC Model 只能基于当前数据对数据进行聚类,不能向前者生成聚类中心或者高斯函数继续进行预测。但是,PIC 的优势是其对于不规则数据的聚类效果较好。所以在实际场景中使用聚类算法时,需要作者对数据的特性进行分析把控,从而选择最合适的聚类算法。

 小结

本章主要讲解了聚类算法的原理及分类。重点讲解了常用的代表性的聚类算法。其中详细讲解了最经典的算法——K-means 算法及其应用。还探讨了高斯混合聚类、快速迭代聚类两种算法及应用。读者可以快速基于三个代表性聚类算法由点及面地学习其他聚类算法模型,掌握 Spark ML 聚类实战应用。

第10章 关联规则挖掘算法及应用

这是一个大数据时代,各行各业积累了大量的历史数据,基于这些数据发掘其中的价值,为相关人员提供决策参考十分重要。本章将介绍数据挖掘中的关联规则挖掘算法,这也是机器学习的重要算法之一。

本章首先讲解大数据挖掘的理论常识,在算法及应用方面重点讲解关联规则挖掘经典算法 Apriori 算法和 FP-growth 关联规则算法。Spark ML 中包含 FP-growth 关联规则算法,这个关联规则是基于 Apriori 算法的频繁项集数据挖掘方法。它在提高算法的效率和鲁棒性等方面有了很大的提高。

本章学习目标
- 大数据关联规则挖掘理论
- 经典 Apriori 算法理论
- FP-growth 算法介绍
- ML 关联规则挖掘实战

10.1 关联规则挖掘算法理论

10.1.1 大数据关联规则挖掘常识

关联规则挖掘算法本质上就是基于各行各业的大数据进行有价值的规则挖掘,类似海量大数据中寻宝的过程。既然是寻宝,下面就先了解下寻宝须知。

1. 大数据背景

不夸张地说,这是一个数据泛滥的年代,特别是物联网的兴起、移动计算技术的发展、各类传感器等嵌入系统的广泛应用都使得人类取得的数据量在短时间内激增。这样就积累了大量的历史数据,有的甚至已沉睡多年,它们还有价值吗?是不是应该像清空垃圾那样删掉它们？

我们知道"以史为鉴"，历史是一面镜子，对人类的发展起到辅助和推动作用。不同时期的数据也是一面镜子，虽然不能像历史事件那样直观反映出某种规律，但如果稍加分析就会发现，数据中隐含一些规律或者规则，这对我们来说可能相当有价值。

例如，大家耳熟能详的例子就是沃尔玛超市从顾客的历史购物单数据中发现了在美国超市购买尿布的年轻的父亲同时可能购买啤酒的概率为 40％ 左右，超市摆放商品时就可以考虑将二者摆放在同一个货架上，引导消费者购物从而提高销量。国内电商淘宝根据数据分析用户的购买趋向，百度利用大数据分析用户的搜索趋向，等等。

能做到从数据中寻找到有价值规则的工具就是经典数据挖掘算法之关联规则挖掘算法。

2. 什么是规则

其实"寻宝"就是找寻规则，我们理解的规则就如"如果…那么…"，前者为条件，后者为结果。

假设在一个有 4000 个顾客的购物单数据中，统计有 723 人同时购买了冷冻食品和面包，有 788 人只购买了冷冻食品，那么产生的规则就是：frozen foods＝t 788 ＝＝＞ bread and frozen foods＝t 723 conf：(0.92)，表示在购买冷冻食品的人中，有 92％ 的人会同时购买面包。

3. 什么规则我们会感兴趣

按照兴趣度从高到低，可分为以下 4 种情况。

(1) A 经常发生，发生的时候 B 伴随发生的概率很高。

(2) A 很少出现，但是一旦出现 B 出现的概率很高。

(3) A 经常发生，发生的时候 B 伴随发生的概率一般。

(4) A 很少出现，出现之后 B 出现的概率一般。

4. 规则对数据的要求

要想得到有价值的规则，有一个重要前提就是数据必须是真实的、没有被污染的。一般情况下，会针对各个数据库中的数据进行数据抽取，去掉干扰数据（数据表中为 null 的或者用户随意填写的或者不合法的值等），为挖掘规则算法提供基本保障。

关联规则最初是针对购物篮分析（Market Basket Analysis）问题提出的。假设商店经理想要深入了解顾客的购物习惯，特别是想知道顾客有可能会在一次购物时同时购买哪些商品，为回答该问题，可以对商店的顾客购物零售数量进行购物篮分析。该分析可以通过发现顾客放入"购物篮"中的不同商品之间的关联分析顾客的购物习惯。这种关联的发现可以帮助零售商了解顾客同时频繁购买的商品有哪些，从而帮助零售商开发更好的营销策略。

10.1.2　经典的 Apriori 算法

关联规则挖掘在数据挖掘中占有极其重要的地位，是数据挖掘的主要任务之一。关联规则的经典算法是 Apriori 算法，它是由美国学者 Agrawal 等在 1993 年提出的一种从大规模商业数据中挖掘关联规则的算法。Apriori 算法是一种以概率为基础的具有影响的挖掘布尔型关联规则频繁项集的算法,它已被广泛用于商业决策、社会科学、科学数据处理等数据挖掘领域。

Apriori 算法是一种称作逐层搜索的迭代方法,k-项集用于产生$(k+1)$-项集。算法步骤如下。

(1) 每个项都是候选 1-项集的集合 C_1 的成员。算法简单扫描事务数据库中的所有事务,对每个项的出现次数进行计数,这样就得到了候选 1-项集的集合 C_1。扫描 C_1,删除那些出现计数值小于阈值的项集,这样就得到 1-频繁项集的集合 L_1。

(2) 为找 L_k,通过 L_{k-1} 与自己进行连接产生候选 k-项集的集合,该候选项集的集合就记作 C_k。

(3) 对 C_k 进行剪枝,从 C_k 中删除所有$(k-1)$-子集不在 L_{k-1} 中的项集。

(4) 对事务数据库 D 进行扫描,将每个事务 t 与 C_k 中的候选项集 c 做比较,若 c 属于 t 则将 c 的计数值加 1(在扫描之前,初始值为 0)。扫描 C_k,删除那些出现计数值小于给定支持度的项集,这样就得到了 k-频繁项集的集合 L_k。

(5) 循环执行(2)~(4),直到 L_k 为空。

(6) 对 L_1~L_k 取并集即为最终的频繁集 L。

(7) 对于每个频繁项集 l,产生所有非空子集,然后对于其中的每个非空子集 s,如果 support_count(l)/support_count(s)≥min_conf,则输出规则 $s->l-s$。其中,min_conf 是最小置信度域值。

Apriori 算法可以比较有效地产生关联规则,但是也存在算法效率不高的缺陷。Apriori 的一个缺点就是数据库的扫描次数比较多,并且每次都要扫描整个数据库一遍,这对于海量数据库来说,算法执行的速度是不能接受的;再者,在产生候选 k-项集时,需要 L_{k-1} 与 L_{k-1} 自身连接产生,然后再进行剪枝,效率也不高。

提示:Apriori 算法属于候选消除算法,是一个生成候选集,消除不满足条件的候选集,并不断循环直到不再产生候选集的过程。

10.1.3　FP-growth 算法

鉴于 Apriori 算法的不足,一个新的关联算法被提出,即 FP 树算法(FP-growth)。这个算法试图解决多次扫描数据库带来的大量小频繁项集的问题。这个算法在理论上只对数据库进行两次扫描,直接压缩数据库生成一个频繁模式树,从而形成关联规则。它采用了一些技巧,无论有多少数据,只需要扫描两次数据集,因此提高了算法运行的效率。

在具体过程上,FP 树算法主要由以下两大步骤完成。

(1) 利用数据库中的已有样本数据构建 FP 树。

(2) 建立频繁项集规则。

为了更好地解释 FP 树的建立规则,下面以表 10-1 提供的数据清单为例进行讲解。

FP 树算法的第一步就是扫描样本数据库,将样本按递减规则排序,删除小于最小支持度的样本数。结果如下。

```
果汁 4
鸡肉 4
啤酒 4
尿布 3
```

这里使用最小支持度 3 得到以上计数结果。之后重新扫描数据库,并将样本按上面支持度数据排列,结果如表 10-1 所示。

表 10-1　排序后的购物清单

编　号	物　　品	编　号	物　　品
T1	果汁、鸡肉	T4	果汁、鸡肉、啤酒、尿布
T2	鸡肉、啤酒、尿布	T5	果汁、鸡肉、啤酒
T3	果汁、啤酒、尿布		

提示:表 10-1 已经对数据进行了重新排序,从 T5 的顺序可以看出,原来的"果汁、鸡肉、啤酒、可乐"被重排为"果汁、鸡肉、啤酒",这是第二次扫描数据库,也是 FP 树算法最后一次扫描数据库。

下面开始构建 FP 树,将重新生成的表 10-1 按顺序插入 FP 树中,如图 10-1 所示。

需要说明的是,Root 是空集,用来建立后续的 FP 树。之后继续插入第二条记录,如图 10-2 所示。

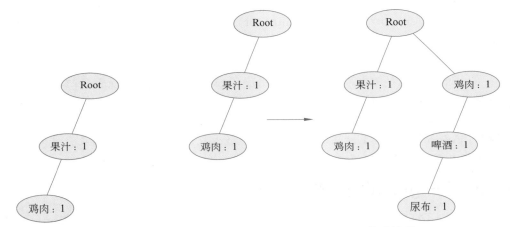

图 10-1　FP-growth 算法流程 1　　　　　图 10-2　FP-growth 算法流程 2

在新生成的树中,鸡肉的数量变成 2,这样继续生成 FP 树,可以得到如图 10-3 所示的完整的 FP 树。

建立对应的 FP 树之后,可以开始频繁项集挖掘工程,这里采用逆向路径工程对数据进行数据归类。首先需要建立的是样本路径,如图 10-4 所示。

这里假设需要求取"啤酒、尿布"的包含清单,则从支持度最小项开始,可以获得如下数据。

```
尿布:1,啤酒:2,鸡肉:2
尿布:1,啤酒:1,果汁:4
尿布:1,啤酒:1,鸡肉:1
```

之后在新生成的表中递归查找包含"尿布"的项,完成项目查找并计算相关置信度。FP 树算法改进了 Apriori 算法的 I/O 瓶颈,巧妙地利用了树结构。

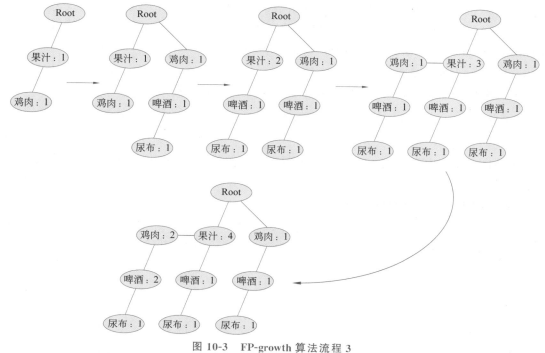

图 10-3　FP-growth 算法流程 3

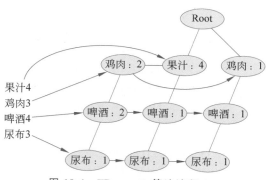

图 10-4　FP-growth 算法流程 4

10.2　关联规则挖掘算法实战

　　本节主要学习 FP-growth 算法实战应用。ML 中也使用了 FP-growth 算法进行关联关系计算。FP-growth 在算法上相对较难理解。读者应该先理解其基本原理和使用方法,然后再进行实战程序编写就得心应手了。

　　数据集采取自己创建的 DataSet。算法采用 ML 中的 FP-growth,算法提供以下参数。

- freqItemsets:频繁项集,格式为 DataFrame。
- items:数组。一个给定的项集。
- freq:长整型。在配置的模型参数下,这个项集出现的次数。

- associationRules：以高于 minConfidence 的置信度生成的关联规则。

freqItemsets 规定为 DataFrame 格式的频繁项集（"items"［Array］，"freq"［Long］），associationRules 规定的格式为 DataFrame（"antecedent"［Array］，"consequent"［Array］，"confidence"［Double］）。

FP 树建立过程中需要设定最小支持度以及最小置信度，即：

```scala
val fpgrowth =new FPGrowth().setItemsCol("items").setMinSupport(0.5).
setMinConfidence(0.6)
```

在 ML 中，FP 树算法是一种用于挖掘频繁项集的并行 FP-growth 算法，全部代码如程序 10-1 所示。

程序 10-1　FPTreeDemo.scala

```scala
import org.apache.spark.ml.fpm.FPGrowth
import org.apache.spark.sql.SparkSession

object FPTreeDemo {

  def main(args: Array[String]): Unit ={
    val spark =SparkSession
        .builder                              //创建 Spark 会话
        .master("local")                      //设置本地模式
        .appName("FPGrowthExample")           //设置名称
        .getOrCreate()                        //创建会话变量
    import spark.implicits._

    //创建数据集
    val dataset =spark.createDataset(Seq(
        "1 2 5",
        "1 2 3 5",
        "1 2")
    ).map(t =>t.split(" ")).toDF("items")
    //设置参数,训练模型
    val fpgrowth = new FPGrowth().setItemsCol("items").setMinSupport(0.5).
    setMinConfidence(0.6)
    val model =fpgrowth.fit(dataset)

    //打印频繁项集
    model.freqItemsets.show()

    //打印生成的关联规则
    model.associationRules.show()

    //该 transform 方法将其项与每个关联规则的前因进行比较。如果该记录包含特定关联规
    //则的所有前因,则该规则将被视为适用,并将其结果添加到预测结果中
    model.transform(dataset).show()
```

```
        spark.stop()
    }
}
```

对于每个事务 itemsCol,该 transform 方法将其项与每个关联规则的前因进行比较。如果该记录包含特定关联规则的所有前因,则该规则将被视为适用,并将结果添加到预测结果中。变换方法将所有适用规则的结果总结为预测,预测列的数据类型为 itemsCol。

```
//最终预测结果展示
+------------+----------+
|    items   |prediction |
+------------+----------+
|  [1, 2, 5] |       [] |
|[1, 2, 3, 5]|       [] |
|   [1, 2]   |      [5] |
+------------+----------+
```

其他结果请读者自行打印。

 小结

本章介绍了基于大数据的关联规则挖掘的基本常识和经典算法理论,并针对 ML 中的关联规则算法实现进行了实战应用讲解,主要包括 4 部分内容:大数据关联规则挖掘理论、经典 Apriori 算法理论、FP-growth 算法介绍、ML 关联规则挖掘实战。在实际应用中,还是建议使用 FP 树算法,其是在 Apriori 算法基础上发展出来的,可以应用于生产环境,而且算法效率更高。

第11章 文本分类项目实战

文本分类是一个典型的机器学习问题,其主要目标是通过训练已有的语料库文本数据得到分类模型,进而预测新文本的类别标签。在很多领域都有实际的应用场景,如新闻网站的新闻自动分类、垃圾邮件检测、非法信息过滤等。本章将对一个手机短信样本数据集进行训练,对新的数据样本进行分类,进而检测其是否为垃圾短信。由于本章会涉及词向量化技术和多层感知机网络,所以会在实战之前加入这两方面的基础知识。

本章学习目标

- 多层感知机
- 词向量化技术
- 短信文本分类实战

11.1 词向量化技术

11.1.1 文本向量化理论

文本向量化(又称"词向量模型""向量空间模型")即将文本表示成计算机可识别的实数向量,根据粒度大小不同可将文本特征表示分为字、词、句子或篇章几个层次。文本向量化的方法主要分为离散表示和分布式表示。

1. 离散表示

一种基于规则和统计的向量化方式,常用的方法包括词集模型和词袋模型,它们都是基于词之间保持独立性、没有关联为前提,将所有文本中的单词形成一个字典,然后根据字典来统计单词出现的频数。它们的不同之处如下。

词集模型:如 One-Hot Representation,只要单个文本中单词出现在字典中,就将其置为1,不管出现多少次。

词袋模型：只要单个文本中单词出现在字典中，就将其向量值加1，出现多少次就加多少次。其基本的特点是忽略了文本信息中的语序信息和语境信息，仅将其反映为若干维度的独立概念，这种情况有着因为模型本身原因而无法解决的问题，如主语和宾语的顺序问题。词袋模型天然无法理解诸如"我为你鼓掌"和"你为我鼓掌"两个语句之间的区别。

对于句子或篇章而言，常用的离散表示方法是词袋模型。词袋模型以 One-Hot 为基础，忽略词表中词的顺序和语法关系，通过记录词表中的每一个词在该文本中出现的频次来表示该词在文本中的重要程度，解决了 One-Hot 未能考虑词频的问题。

词袋模型的优点是方法简单，当语料充足时，处理简单的问题如文本分类，其效果比较好。词袋模型的缺点是数据稀疏、维度大，且不能很好地展示词与词之间的相似关系。

1）TF-IDF

TF-IDF（Term Frequency-Inverse Document Frequency，词频-逆文档频率法）作为一种加权方法，在词袋模型的基础上对词出现的频次赋予 TF-IDF 权值，对词袋模型进行修正，进而表示该词在文档集合中的重要程度。

2）CountVectorizer

CountVectorizer 根据文本构建出一个词表，词表中包含所有文本中的单词，每一个词汇对应其出现的顺序，构建出的词向量的每一维都代表这一维对应单词出现的频次，这些词向量组成的矩阵称为频次矩阵。但 CountVectorizer 只能表达词在当前文本中的重要性，无法表示该词在整个文档集合中的重要程度。

2. 分布式表示

每个词根据上下文从高维映射到一个低维度、稠密的向量上，向量的维度需要指定。在构成的向量空间中，每个词的含义都可以用周边的词来表示，优点是考虑到了词之间存在的相似关系，减小了词向量的维度。常用的方法如下。

（1）基于矩阵的分布表示。

（2）基于聚类的分布表示。

（3）基于神经网络的分布表示，其特点是：利用了激活函数及 softmax 函数中的非线性特点；保留了语序信息。

Word2Vec 是 Google 的开源项目，其特点是将所有的词向量化，这样词与词之间就可以定量度量。Word2Vec 以词嵌入为基础，利用深度学习的思想，对出现在上下文环境中的词进行预测，经过 Word2Vec 训练后的词向量可以很好地度量词与词之间的相似性，将所有词语投影到 k 维的向量空间，每个词语都可以用一个 k 维向量表示，进而将文本内容的处理简化为 k 维向量空间中的向量运算。

已有的预训练词向量：腾讯 AI 实验室 Embedding Dataset，该语料库为超过 800 万个中文单词和短语提供了 200 维矢量表示，这些单词和短语是在大规模高质量数据上预先训练的。

Word2Vec 有 Continuous Bag-of-Words（CBOW）和 Skip-gram 两种训练模型，这两种模型可以看作简化的三层神经网络，主要包括输入层、隐藏层以及输出层。CBOW 对小型数据库比较合适，而 Skip-gram 在大型语料中表现更好。目前，ML 中的词向量转换采用的是 Skip-gram 模型。Skip-gram 模型也是神经网络学习方法的一个特定学习方式，具体如图 11-1 所示。

图 11-1 中的 $w(t)$ 是输入的文本，而输出的是每个单词出现的概率，因此整体 Skip-

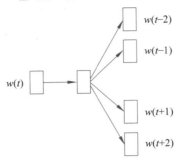

输入层　隐藏层　输出层

图 11-1　Skip-gram 模型

gram 可以用如下公式表示。

$$f(x) = \operatorname*{argmax} \prod_{\omega \in \text{Text}} \left[\prod_{c \in C(\omega)} p(c \mid \omega, \theta) \right]$$

其中,ω 代表整体文章,$p(c \mid \omega, \theta)$ 是指在模型参数 θ 的情况下,某个语句 c 在 ω 中出现的概率,因此整体就转换成寻找一个特定 θ,从而使得 $f(x)$ 最大化。

提示:Skip-gram 算法较为复杂,请有兴趣的读者自行研究,本书不再过多阐述。

11.1.2　Word2Vec 词向量化实例

词向量是对文本进行处理的一种方法,完整词向量训练方法如程序 11-1 所示。

程序 11-1　**Word2VecExample.scala**

```scala
import org.apache.spark.ml.feature.Word2Vec
import org.apache.spark.ml.linalg.Vector
import org.apache.spark.sql.Row
import org.apache.spark.sql.SparkSession

object Word2VecExample {
  def main(args: Array[String]): Unit = {
    val spark = SparkSession
      .builder                                   //创建 Spark 会话
      .master("local")                           //设置本地模式
      .appName("Word2VecExample")                //设置名称
      .getOrCreate()                             //创建会话变量

    //从 Seq 或者 Doc 中加载数据,每一行为分词的结果
    val documentDF = spark.createDataFrame(Seq(
      "Hi I heard about Spark".split(" "),
      "I wish Java could use case classes".split(" "),
      "Logistic regression models are neat".split(" ")
    ).map(Tuple1.apply)).toDF("text")

    //创建 Word2Vec 对象并把单词映射到向量中
    val word2Vec = new Word2Vec()
```

```
        .setInputCol("text")
        .setOutputCol("result")
        .setVectorSize(3)
        .setMinCount(0)
    val model =word2Vec.fit(documentDF)

    //预测
    val result =model.transform(documentDF)
    result.collect().foreach { case Row(text: Seq[_], features: Vector) =>
        println(s"Text: [${text.mkString(", ")}] =>\nVector: $features\n") }

    //寻找 neat 的相似词
    val synonyms =model.findSynonyms("neat", 2)
    for(synonym <-synonyms) {//打印找到的内容
        println(synonym)
    }

    spark.stop()
  }
}
```

在上面的代码段中，从一组文档开始，每个文档都由单词序列表示。对于每个文档，将其转换为特征向量，然后将该特征向量传递给学习算法。findSynonyms 方法包含两个参数，分别为查找目标和查找数量，可以在其中设置需要的查找目标。VectorSize(3)表示生成的要从单词转换的向量的维度，默认值是 100。结果如下。

```
Text: [Hi, I, heard, about, Spark] =>
Vector: [-0.024317434459226208,-0.015829450637102126,0.01689382940530777]
Text: [I, wish, Java, could, use, case, classes] =>
Vector: [-0.0537010023170816,-0.018913335033825463,0.023755997818495543]
Text: [Logistic, regression, models, are, neat] =>
Vector: [0.01655797511339188,-0.027168981288559737,0.08163769766688347]
//两个最相似的词
[heard, 0.9391120076179504]
[models, 0.8834888935089111]
```

11.2 多层感知器

多层感知器是一种多层前馈神经网络模型。所谓前馈神经网络是指它只从输入层接收前一层的输入，并将计算结果输出到下一层，而不对前一层给出反馈。整个过程可以用一个有向无环图来表示。这种类型的神经网络由三层组成，即输入层、一个或多个隐藏层和输出层，如图 11-2 所示。

Spark ML 在 1.5 版之后提供了一个由 BP(Back Propagation，反向传播)算法训练的多层感知器实现。BP 算法的学习目的是研究网络的连接权值进行调整，使得调整后的网络对任一输入都能得到所期望的输出。BP 算法名称里的反向传播指的是该算法在训练网络的

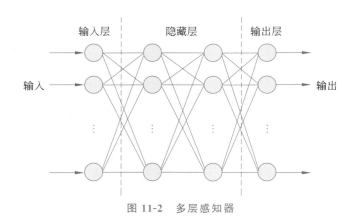

图 11-2　多层感知器

过程中逐层反向传递误差,逐一修改神经元间的连接权值,以使网络对输入信息经过计算后所得到的输出能达到期望的误差。Spark 的多层感知器隐藏层神经元使用 sigmoid 函数作为激活函数,输出层使用的是 softmax 函数。

Spark 的多层感知器分类器(MultilayerPerceptronClassifer)支持以下可调参数。

- featuresCol:输入数据 DataFrame 中指标特征列的名称。
- labelCol:输入数据 DataFrame 中标签列的名称。
- layers:这个参数是一个整型数组类型,第一个元素需要和特征向量的维度相等,最后一个元素需要训练数据的标签取值个数相等,如二分类问题就写 2。中间的元素有多少个就代表神经网络有多少个隐藏层,元素的取值代表了该层的神经元的个数。例如,val layers = Array[Int](100,6,5,2)。
- maxIter:优化算法求解的最大迭代次数。默认值是 100。
- predictionCol:预测结果的列名称。
- tol:优化算法迭代求解过程的收敛阈值。默认值是 1e-4,不能为负数。
- blockSize:该参数被前馈网络训练器用来将训练样本数据的每个分区都按照 blockSize 大小分成不同组,并且每个组内的每个样本都会被叠加成一个向量,以便于在各种优化算法间传递。该参数的推荐值是 10~1000,默认值是 128。

算法返回的是一个 MultilayerPerceptronClassificationModel 类实例。

11.3　文本分类实战

目标数据集是来自 UCI 的 SMS Spam Collection 数据集,该数据集结构非常简单,只有两列,第一列是短信的标签,第二列是短信内容,两列之间用制表符分隔。

数据集下载链接:http://archive.ics.uci.edu/ml/datasets/SMS+Spam+Collection。

在处理文本短信息分类预测问题的过程中,首先是将原始文本数据按照 8∶2 的比例分成训练和测试数据集。整个过程分为下面几个步骤。

- 从本地读取原始数据集,并创建一个 DataFrame。
- 使用 StringIndexer 将原始的文本标签("Ham"或者"Spam")转换成数值型的表

型,以便 Spark ML 处理。
- 使用 Word2Vec 将短信文本转换成数值型词向量。
- 使用 MultilayerPerceptronClassifier 训练一个多层感知器模型。
- 使用 LabelConverter 将预测结果的数值标签转换成原始的文本标签。
- 最后在测试数据集上测试模型的预测精确度。

算法的具体实现步骤如下。

(1) 导入包。

```
import org.apache.spark.ml.Pipeline
import org.apache.spark.ml.classification.MultilayerPerceptronClassifier
import org.apache.spark.ml.evaluation.MulticlassClassificationEvaluator
import org.apache.spark.ml.feature.{IndexToString, StringIndexer, Word2Vec}
```

(2) 创建集并分词。

```
val parsedRDD =sc.textFile("SMSSpamCollection").map(_.split(" ")).map(eachRow
=>{(eachRow(0),eachRow(1).split(" "))})
val msgDF =spark.createDataFrame(parsedRDD).toDF("label","message")
```

(3) 将标签转换为索引值。

```
val labelIndexer = new StringIndexer().setInputCol("label").setOutputCol("
indexedLabel").fit(msgDF)
```

(4) 创建 Word2Vec,分词向量大小为 100。

```
final val VECTOR_SIZE =100
val word2Vec=new Word2Vec().setInputCol("message").setOutputCol("features").
setVectorSize(VECTOR_SIZE).setMinCount(1)
```

(5) 创建多层感知器。

输入层 VECTOR_SIZE 个,中间层两层分别是 6 个和 5 个神经元,输出层 2 个。

```
val layers =Array[Int](VECTOR_SIZE,6,5,2)
val mlpc =new MultilayerPerceptronClassifier().setLayers(layers).setBlockSize
(512).setSeed(1234L).setMaxIter(128).setFeaturesCol("features").setLabelCol
("indexedLabel").setPredictionCol("prediction")
```

(6) 将索引转换为原有标签。

```
val labelConverter = new IndexToString().setInputCol("prediction").
setOutputCol("predictedLabel").setLabels(labelIndexer.labels)
```

(7) 数据集分隔。

```
val Array(trainingData, testData) =msgDF.randomSplit(Array(0.8, 0.2))
```

(8) 创建 pipeline 并训练数据。

```
val pipeline = new Pipeline().setStages(Array(labelIndexer, word2Vec, mlpc,
labelConverter))
val model =pipeline.fit(trainingData)
```

```
val predictionResultDF =model.transform(testData)
//below 2 lines are for debug use
predictionResultDF.printSchema
predictionResultDF.select("message","label","predictedLabel").show(30)
```

（9）评估训练结果。

```
val  evaluator  =  new  MulticlassClassificationEvaluator ( ) . setLabelCol ( "
indexedLabel").setPredictionCol("prediction").setMetricName("precision")
val predictionAccuracy =evaluator.evaluate(predictionResultDF)
println("Testing Accuracy is %2.4f".format(predictionAccuracy * 100) +"%")
```

运行结果如图 11-3 所示。

```
scala> val predictionAccuracy = evaluator.evaluate(predictionResul
predictionAccuracy: Double = 0.9407265774378585

scala> println("Testing Accuracy is %2.4f".format(predictionAccura
Testing Accuracy is 94.0727%
```

图 11-3　运行结果

以上各步骤可以在 Spark Shell 中以脚本方式交互执行，也可以形成一个 Scala 程序文件运行，程序代码参见本章 MsgClassificationDemo.scala 文件。

 小结

本章主要讲解了多层感知机、词向量化技术、短信文本分类实战三部分内容。围绕文本分类的基本步骤逐一用代码实现，步骤中所涉及的文本向量化和神经网络部分内容作为两节分别展开。通过本章读者能够基本掌握文本分析类项目的大致流程和基础知识。

MovieLens 数据集是由 GroupLens 项目组制作的公开数据集，本章内容基于该数据集展开 Spark 数据分析项目实战。主要涉及两部分。第一部分是基于 Spark SQL 对电影数据和电影评分数据进行数据分析，首先获取数据源，转换成 DataFrame，并调用封装好的业务逻辑类来生成临时视图，然后基于 Spark SQL 结合不同的业务需求编写不同的 SQL 语句完成逻辑代码，实现电影类别及评分等数据统计。第二部分是基于 Spark ML 进行电影推荐实战，由于数据集较大，采用机器学习算法效率不高，该部分主要采用采样的 MovieLens 数据集，用来完成推荐模型中的测试，由于涉及协同过滤算法，本章会对算法做一下系统介绍。

本章学习目标

- 基于 Spark SQL 的影评数据分析
- 基于协同过滤算法的影片推荐实战

12.1 项目介绍

12.1.1 数据集介绍

使用 MovieLens 中名称为 ml-25m.zip 的数据集，使用的文件是 movies.csv 和 ratings.csv，上述文件的下载地址为

```
http://files.grouplens.org/datasets/movielens/ml-25m.zip
```

1. movies.csv

该文件是电影数据，对应为维表数据，大小为 2.89MB，包括 6 万多部电影，其数据格式为[movieId,title,genres]，分别对应[电影 id,电影名称,电影所属分类]，样例数据如下所示

（逗号分隔）。

```
1,Toy Story (1995),Adventure|Animation|Children|Comedy|Fantasy
```

2. ratings.csv

该文件为电影评分数据，对应为事实表数据，大小为 646MB，其数据格式为［userId，movieId，rating，timestamp］，分别对应［用户 id，电影 id，评分，时间戳］，样例数据如下所示（逗号分隔）。

```
1,296,5,1147880044
```

项目代码结构如图 12-1 所示。

图 12-1　项目代码结构

12.1.2　需求分析

需求 1：查找电影评分个数超过 5000，且平均评分较高的前 10 部电影名称及其对应的平均评分。

需求 2：查找每个电影类别及其对应的平均评分。

需求 3：查找被评分次数较多的前 10 部电影。

需求 4：基于采样数据集，为一个用户推荐 10 部电影。

前三个需求属于数据统计分析模块，最后一个需求属于机器学习实战模块，下面会分开实现。

12.2　数据统计分析模块实现

12.2.1　公共代码开发

主程序 DemoMainApp 是程序执行的入口，主要是获取数据源，转换成 DataFrame，并调用封装好的业务逻辑类。代码如下。

程序 12-1　DemoMainApp.scala

```scala
object DemoMainApp {
  //文件路径
  private val MOVIES_CSV_FILE_PATH ="file:///e:/movies.csv"
  private val RATINGS_CSV_FILE_PATH ="file:///e:/ratings.csv"
  def main(args: Array[String]): Unit ={
    //创建 Spark Session
    val spark =SparkSession
        .builder
        .master("local[4]")
        .getOrCreate
    //schema 信息
    val schemaLoader =new SchemaLoader
    //读取 Movie 数据集
    val movieDF =readCsvIntoDataSet(spark, MOVIES_CSV_FILE_PATH, schemaLoader.
getMovieSchema)
    //读取 Rating 数据集
     val ratingDF = readCsvIntoDataSet ( spark,  RATINGS _ CSV _ FILE _ PATH,
schemaLoader.getRatingSchema)
    //需求 1：查找电影评分个数超过 5000,且平均评分较高的前 10 部电影名称及其对应的平均评分
    val bestFilmsByOverallRating =new BestFilmsByOverallRating
    //bestFilmsByOverallRating.run(movieDF, ratingDF, spark)
    //需求 2：查找每个电影类别及其对应的平均评分
    val genresByAverageRating =new GenresByAverageRating
    //genresByAverageRating.run(movieDF, ratingDF, spark)

    //需求 3：查找被评分次数较多的前 10 部电影
    val mostRatedFilms =new MostRatedFilms
    mostRatedFilms.run(movieDF, ratingDF, spark)
    spark.close()
  } / *   * 读取数据文件,转成 DataFrame   *   * @param spark   * @param path   *
@param schema   * @return   * /
  def readCsvIntoDataSet(spark: SparkSession, path: String, schema: StructType)
={
    val dataSet =spark.read
        .format("csv")
        .option("header", "true")
        .schema(schema)
        .load(path)
    dataSet
  }
}
```

Entry 类为实体类,封装了数据源的样例类和结果表的样例类,代码如下。

程序 12-2　Entry.scala

```scala
class Entry {

}
```

```
case class Movies(
            movieId: String,              //电影的 id
            title: String,                //电影的标题
            genres: String                //电影类别
          )
case class Ratings(
            userId: String,               //用户的 id
            movieId: String,              //电影的 id
            rating: String,               //用户评分
            timestamp: String             //时间戳
          )
// 需求 1MySQL 结果表
case class tenGreatestMoviesByAverageRating(
                            movieId: String,     //电影的 id
                            title: String,       //电影的标题
                            avgRating: String    //电影平均评分
                          )
// 需求 2MySQL 结果表
case class topGenresByAverageRating(
                        genres: String,          //电影类别
                        avgRating: String        //平均评分
                      )
// 需求 3MySQL 结果表
case class tenMostRatedFilms(
                    movieId: String,             //电影的 id
                    title: String,               //电影的标题
                    ratingCnt: String            //电影被评分的次数
```

SchemaLoader 类封装了数据集的 schema 信息,主要用于读取数据源是指定 schema 信息,该类代码如下。

程序 12-3　SchemaLoader.scala

```
class SchemaLoader {
  //movies 数据集 schema 信息
  private val movieSchema =new StructType()
    .add("movieId", DataTypes.StringType, false)
    .add("title", DataTypes.StringType, false)
    .add("genres", DataTypes.StringType, false)
  //ratings 数据集 schema 信息
  private val ratingSchema =new StructType()
    .add("userId", DataTypes.StringType, false)
    .add("movieId", DataTypes.StringType, false)
    .add("rating", DataTypes.StringType, false)
    .add("timestamp", DataTypes.StringType, false)
  def getMovieSchema: StructType =movieSchema
  def getRatingSchema: StructType =ratingSchema
}
```

JDBCUtil 类封装了连接 MySQL 的逻辑,主要用于连接 MySQL,在业务逻辑代码中会使用该工具类获取 MySQL 连接,将结果数据写入 MySQL 中。

程序 12-4　　**JDBCUtil.scala**

```scala
object JDBCUtil {
  val dataSource = new ComboPooledDataSource()
  val user = "root"
  val password = "123qwe"
  val url = "jdbc:mysql://localhost:3306/mydb"
  dataSource.setUser(user)
  dataSource.setPassword(password)
  dataSource.setDriverClass("com.mysql.jdbc.Driver")
  dataSource.setJdbcUrl(url)
  dataSource.setAutoCommitOnClose(false)           //获取连接
  def getQueryRunner(): Option[QueryRunner]={
    try {
      Some(new QueryRunner(dataSource))
    }catch {
      case e:Exception =>
        e.printStackTrace()
        None
    }
  }
}
```

12.2.2　需求 1 实现及结果

需求 1：实现的业务逻辑封装。该类有一个 run()方法，主要是封装计算逻辑。

程序 12-5　　**BestFilmsByOverallRating.scala**

```scala
/* *   * 需求 1: 查找电影评分个数超过 5000,且平均评分较高的前 10 部电影名称及其对应的
平均评分   */
class BestFilmsByOverallRating extends Serializable {
  def  run ( moviesDataset: DataFrame, ratingsDataset: DataFrame, spark:
SparkSession) ={
    import spark.implicits._

    //将 moviesDataset 注册成表
    moviesDataset.createOrReplaceTempView("movies")
    //将 ratingsDataset 注册成表
    ratingsDataset.createOrReplaceTempView("ratings")
    val ressql1 =
        """
          |WITH ratings_filter_cnt AS (
          |SELECT
          |       movieId,
          |       count( * ) AS rating_cnt,
          |       avg( rating ) AS avg_rating
          |FROM
          |       ratings
          |GROUP BY
```

```
        |          movieId
        |HAVING
        |          count ( * ) >=5000
        |),
        |ratings_filter_score AS (
        |SELECT
        |    movieId, --电影 id
        |    avg_rating --电影平均评分
        |FROM ratings_filter_cnt
        |ORDER BY avg_rating DESC --平均评分降序排序
        |LIMIT 10 --平均分较高的前 10 部电影
        |)
        |SELECT
        |          m.movieId,
        |          m.title,
        |          r.avg_rating AS avgRating
        |FROM
        |          ratings_filter_score r
        |JOIN movies m ON m.movieId =r.movieId
    """.stripMargin
  val resultDS =spark.sql(ressql1) .as[tenGreatestMoviesByAverageRating]
  //打印数据
  resultDS.show(10)
  resultDS.printSchema()
  //写入 MySQL
  resultDS.foreachPartition(par =>par.foreach(insert2Mysql(_)))
}
/* *   * 获取连接,调用写入 MySQL 数据的方法   *   * @param res   */
private def insert2Mysql(res: tenGreatestMoviesByAverageRating): Unit ={
  lazy val conn =JDBCUtil.getQueryRunner()
  conn match {
      case Some(connection) =>{
          upsert(res, connection)
      }
      case None =>{
          println("Mysql 连接失败")
          System.exit(-1)
      }
  }
}
/* *   * 封装将结果写入 MySQL 的方法   * 执行写入操作   *   * @param r   * @param
conn   */
  private def upsert(r: tenGreatestMoviesByAverageRating, conn: QueryRunner):
Unit ={
    try {
        val sql =
          s"""    |REPLACE INTO `ten_movies_averagerating`(    |movieId,    |
          title,    |avgRating    |)    |VALUES    |(?,?,?)    """.stripMargin
        // 执行 insert 操作
        conn.update(
```

```
        sql,
        r.movieId,
        r.title,
        r.avgRating
      )
    } catch {
      case e: Exception => {
        e.printStackTrace()
        System.exit(-1)
      }
    }
  }
}
```

需求 1 结果表建表语句：

```
CREATE TABLE `ten_movies_averagerating` (
  `id` int(11) NOT NULL AUTO_INCREMENT COMMENT '自增 id',
  `movieId` int(11) NOT NULL COMMENT '电影 id',
  `title` varchar(100) NOT NULL COMMENT '电影名称',
  `avgRating` decimal(10,2) NOT NULL COMMENT '平均评分',
  `update_time` datetime DEFAULT CURRENT_TIMESTAMP COMMENT '更新时间',
  PRIMARY KEY (`id`),
  UNIQUE KEY `movie_id_UNIQUE` (`movieId`)
) ENGINE=InnoDB DEFAULT CHARSET=utf8;
```

统计结果，平均评分最高的前 10 部电影如表 12-1 所示。

表 12-1 评分最高的前 10 部电影

movieId	title	avgRating
318	Shawshank Redemption，The (1994)	4.41
858	Godfather，The (1972)	4.32
50	Usual Suspects，The (1995)	4.28
1221	Godfather：PartII，The (1974)	4.26
527	Schindler's List (1993)	4.25
2019	Seven Samurai (Shichinin no samurai) (1954)	4.25
904	Rear Window (1954)	4.24
1203	12 Angry Men (1957)	4.24
2959	Fight Club (1999)	4.23
1193	One Flew Over the Cuckoo's Nest (1975)	4.22

上述电影评分对应的电影中文名称如表 12-2 所示。

表 12-2　电影评分 Top10 英文名称及对应的中文名称

英 文 名 称	中 文 名 称
Shawshank Redemption，The（1994）	肖申克的救赎
Godfather，The（1972）	教父 1
Usual Suspects，The（1995）	非常嫌疑犯
Godfather：PartII，The（1974）	教父 2
Schindler's List（1993）	辛德勒的名单
Seven Samurai（Shichinin no samurai）（1954）	七武士
Rear Window（1954）	后窗
12 Angry Men（1957）	十二怒汉
Fight Club（1999）	搏击俱乐部
One Flew Over the Cuckoo's Nest（1975）	飞越疯人院

12.2.3　需求 2 实现及结果

需求 2 实现的业务逻辑封装。该类有一个 run()方法，主要是封装计算逻辑。

程序 12-6　**GenresByAverageRating.scala**

```
/ * *
 * 需求 2：查找每个电影类别及其对应的平均评分
 * /class GenresByAverageRating extends Serializable {
  def  run ( moviesDataset: DataFrame, ratingsDataset: DataFrame, spark:
SparkSession) = {
    import spark.implicits._
    //将 moviesDataset 注册成表
    moviesDataset.createOrReplaceTempView("movies")
    //将 ratingsDataset 注册成表
    ratingsDataset.createOrReplaceTempView("ratings")
    val ressql2 =
      """
        |WITH explode_movies AS (
        |SELECT
        | movieId,
        | title,
        | category
        |FROM
        |  movies lateral VIEW explode ( split ( genres, "\\|" ) ) temp
         AS category
        |)
        |SELECT
        | m.category AS genres,
        | avg( r.rating ) AS avgRating
        |FROM
        | explode_movies m
```

```
            |   JOIN ratings r ON m.movieId =r.movieId
            |GROUP BY
            |   m.category
            | """.stripMargin
    val resultDS =spark.sql(ressql2).as[topGenresByAverageRating]
    //打印数据
    resultDS.show(10)
    resultDS.printSchema()
    //写入 MySQL
    resultDS.foreachPartition(par =>par.foreach(insert2Mysql(_)))
  }
  /* * * 获取连接,调用写入 MySQL 数据的方法  *  * @param res  */
  private def insert2Mysql(res: topGenresByAverageRating): Unit ={
    lazy val conn =JDBCUtil.getQueryRunner()
    conn match {
        case Some(connection) =>{
          upsert(res, connection)
        }
        case None =>{
          println("MySQL 连接失败")
          System.exit(-1)
        }
    }
  }
  /* * * 封装将结果写入 MySQL 的方法  * 执行写入操作  *  * @param r  * @param
conn  * /
  private def upsert(r: topGenresByAverageRating, conn: QueryRunner): Unit ={
    try {
        val sql =
          s"""   |REPLACE INTO `genres_average_rating`(   |genres,   |
          avgRating   |)   |VALUES   |(?,?)   """.stripMargin
        //执行 insert 操作
        conn.update(
          sql,
          r.genres,
          r.avgRating
        )
    } catch {
        case e: Exception =>{
          e.printStackTrace()
          System.exit(-1)
        }
    }
  }
}
```

需求 2 结果表建表语句如下。

```
CREATE TABLE genres_average_rating (
    `id` INT ( 11 ) NOT NULL AUTO_INCREMENT COMMENT '自增 id',
```

```
  `genres` VARCHAR ( 100 ) NOT NULL COMMENT '电影类别',
  `avgRating` DECIMAL ( 10, 2 ) NOT NULL COMMENT '电影类别平均评分',
  `update_time` datetime DEFAULT CURRENT_TIMESTAMP COMMENT '更新时间',PRIMARY
KEY ( `id` ),
UNIQUE KEY `genres_UNIQUE` ( `genres` )
) ENGINE = INNODB DEFAULT CHARSET =utf8;
```

统计结果共有 20 个电影分类,每个电影分类的平均评分如表 12-3 所示。

表 12-3　每个电影分类的平均评分

genres	avgRating	genres	avgRating
Film-Noir	3.93	Romance	3.54
War	3.79	Adventure	3.52
Documentary	3.71	Thriller	3.52
Crime	3.69	Fantasy	3.51
Drama	3.68	Sci-Fi	3.48
Mystery	3.67	Action	3.47
Animation	3.61	Children	3.43
IMAX	3.6	Comedy	3.42
Western	3.59	(no genres listed)	3.33
Musical	3.55	Horror	3.29

电影分类对应的中文名称如表 12-4 所示。

表 12-4　电影分类对应的中文名称

分　类	中 文 名 称	分　类	中 文 名 称
Film-Noir	黑色电影	Romance	浪漫
War	战争	Adventure	冒险
Documentary	纪录片	Thriller	惊悚片
Crime	犯罪	Fantasy	魔幻电影
Drama	历史剧	Sci-Fi	科幻
Mystery	推理	Action	动作
Animation	动画片	Children	儿童
IMAX	巨幕电影	Comedy	喜剧
Western	西部电影	(no genres listed)	未分类
Musical	音乐	Horror	恐怖

12.2.4 需求 3 实现及结果

需求 3 实现的业务逻辑封装。该类有一个 run()方法,主要是封装计算逻辑。

程序 12-7　**MostRatedFilms.scala**

```scala
/* *   * 需求 3: 查找被评分次数较多的前 10 部电影. */
class MostRatedFilms extends Serializable {
    def run (moviesDataset: DataFrame, ratingsDataset: DataFrame, spark:
SparkSession) ={

    import spark.implicits._
    //将 moviesDataset 注册成表
    moviesDataset.createOrReplaceTempView("movies")
    //将 ratingsDataset 注册成表
    ratingsDataset.createOrReplaceTempView("ratings")
val ressql3 =
  """
    |WITH rating_group AS (
    |   SELECT
    |     movieId,
    |     count( * ) AS ratingCnt
    |   FROM ratings
    |   GROUP BY movieId
    |),
    |rating_filter AS (
    |   SELECT
    |     movieId,
    |     ratingCnt
    |   FROM rating_group
    |   ORDER BY ratingCnt DESC
    |   LIMIT 10
    |)
    |SELECT
    |   m.movieId,
    |   m.title,
    |   r.ratingCnt
    |FROM
    |   rating_filter r
    |JOIN movies m ON r.movieId =m.movieId
    |
  """.stripMargin
    val resultDS =spark.sql(ressql3).as[tenMostRatedFilms]
    //打印数据
    resultDS.show(10)
    resultDS.printSchema()
    //写入 MySQL
    resultDS.foreachPartition(par =>par.foreach(insert2Mysql(_)))
```

```
}
/ * *    * 获取连接,调用写入 MySQL 数据的方法    *    * @param res    * /
private def insert2Mysql(res: tenMostRatedFilms): Unit = {
  lazy val conn = JDBCUtil.getQueryRunner()
  conn match {
      case Some(connection) => {
        upsert(res, connection)
      }
      case None => {
        println("MySQL 连接失败")
        System.exit(-1)
      }
  }
}
/ * *    * 封装将结果写入 MySQL 的方法    * 执行写入操作    *    * @param r    * @param
conn    * /
private def upsert(r: tenMostRatedFilms, conn: QueryRunner): Unit = {
  try {
      val sql =
        s"""    |REPLACE INTO `ten_most_rated_films`(    |movieId,    |title,
            |ratingCnt    |)    |VALUES    |(?,?,?)    """.stripMargin
      //执行 insert 操作
      conn.update(
        sql,
        r.movieId,
        r.title,
        r.ratingCnt
      )
  } catch {
      case e: Exception => {
        e.printStackTrace()
        System.exit(-1)
      }
  }
}
}
```

需求 3 结果表创建语句如下。

```
CREATE TABLE ten_most_rated_films (
    `id` INT ( 11 ) NOT NULL AUTO_INCREMENT COMMENT '自增 id',
    `movieId` INT ( 11 ) NOT NULL COMMENT '电影 Id',
    `title` varchar(100) NOT NULL COMMENT '电影名称',
    `ratingCnt` INT(11) NOT NULL COMMENT '电影被评分的次数',
    `update_time` datetime DEFAULT CURRENT_TIMESTAMP COMMENT '更新时间',PRIMARY
KEY ( `id` ),
UNIQUE KEY `movie_id_UNIQUE` ( `movieId` )
) ENGINE = INNODB DEFAULT CHARSET = utf8;
```

统计结果如表 12-5 所示。

表 12-5 统计结果

movieId	title	ratingCnt
356	Forrest Gump（1994）	81491
318	Shawshank Redemption，The（1994）	81482
296	Pulp Fiction（1994）	79672
593	Silence of the Lambs，The（1991）	74127
2571	Matrix，The（1999）	72674
260	Star Wars：EpisodeIV - A New Hope（1977）	68717
480	Jurassic Park（1993）	64144
527	Schindler's List（1993）	60411
110	Braveheart（1995）	59184
2959	Fight Club（1999）	58773

评分次数较多的电影对应的中文名称如表 12-6 所示。

表 12-6 评分次数较多的电影对应的中文名称

英 文 名 称	中 文 名 称
Forrest Gump（1994）	阿甘正传
Shawshank Redemption，The（1994）	肖申克的救赎
Pulp Fiction（1994）	低俗小说
Silence of the Lambs，The（1991）	沉默的羔羊
Matrix，The（1999）	黑客帝国
Star Wars：EpisodeIV - A New Hope（1977）	星球大战
Jurassic Park（1993）	侏罗纪公园
Schindler's List（1993）	辛德勒的名单
Braveheart（1995）	勇敢的心
Fight Club（1999）	搏击俱乐部

12.3 机器学习影片推荐模块实现

该模块主要基于 MovieLen 数据集进行采样,建立数据集文件 sample_movielens_ratings.txt,然后基于该数据集进行影片推荐实战。实战之前首先对协同过滤算法及应用做介绍,然后基于 Spark ML 中的 ALS 算法进行实战讲解。

12.3.1　协同过滤概述

协同过滤（Collaborative Filtering）算法是一种基于群体用户或者物品的典型推荐算法，也是目前推荐算法中最常用和最经典的。协同过滤算法的应用是推荐算法作为可行的机器学习算法正式步入商业应用的标志。

协同过滤算法主要有以下两种。

（1）通过考察具有相同爱好的用户对相同物品的评分标准进行计算。

（2）考察具有相同特质的物品从而推荐给选择了某件物品的用户。

总体来说，协同过滤算法就是建立在基于某种物品和用户之间相互关联的数据关系之上的，下面将向读者详细介绍这两种算法。

1. 基于用户的推荐 UserCF

对于基于用户相似性的推荐，用简单的一个词表述就是"志趣相投"。事实也是如此。

例如，你想去看一部电影，但是不知道这部电影是否符合你的兴趣，怎么办呢？从网上找介绍和看预告短片固然是一个好办法，但是对于电影能否真正符合你的偏好，却不能提供更加详细准确的信息。这时最好的办法可能就是这样：

小王：哥们，我想去看看这个电影，你不是看了吗，怎么样？

小张：不怎么样，陪女朋友去看的，她看得津津有味，我看了一小半就玩手机去了。

小王：那最近有什么好看的电影吗？

小张：你去看《雷霆××》吧，我看了不错，估计你也喜欢。

小王：好的。

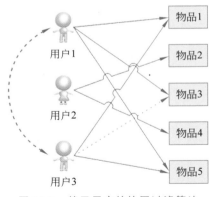

图 12-2　基于用户的协同过滤算法

这是一段日常生活中经常发生的对话，也是基于用户的协同过滤算法的基础。小王和小张是好哥们。作为好哥们，他们也具有一些相同的爱好，那么在此基础上相互推荐自己喜爱的东西给对方必然是合乎情理的，有理由相信被推荐者能够较好地享受到被推荐物品所带来的快乐和满足感。

图 12-2 向读者展示了基于用户的协同过滤算法的表现形式。

想向用户 3 推荐一个商品时，如何选择这个商品是一个很大的问题。在已有信息中，用户 3 已经选择了物品 1 和物品 5，用户 2 比较偏向选择物品 2 和物品 4，而用户 1 选择了物品 1、物品 4 以及物品 5。

可以发现，用户 1 和用户 3 在选择偏好上更加相似——用户 1 和用户 3 都选择了相同的物品 1 和物品 5，那么将物品 3 向用户 3 推荐也是完全合理的。

这就是基于用户的协同过滤算法做的推荐。用特定的计算方法扫描和指定目标相同的已有用户，根据给定的相似度对用户进行相似度计算，选择最高得分的用户，并根据其已有的信息作为推荐结果反馈给用户。这种推荐算法在计算结果上较为简单易懂，具有很高的实践应用价值。

2. 基于物品的推荐 ItemCF

在基于用户的推荐算法中,笔者用一个词"志趣相投"形容了其原理;在基于物品的推荐算法中,同样可以使用一个词来形容整个算法的原理——"物以类聚"。

首先看一下如下对话,这次是小张想给他的女朋友买个礼物。

小张:情人节快到了,我想给我女朋友买个礼物,但是不知道买什么,上次买了个赛车模型,差点被她骂死。

小王:哦? 你也真是的,不买点她喜欢的东西。她平时喜欢什么啊?

小张:她平时比较喜欢看动画片,特别是《机器猫》,没事就看几集。

小王:那我建议你给她买套机器猫的模型套装,绝对能让她喜欢。

小张:好主意,我试试。

对于不熟悉的用户,在缺少特定用户信息的情况下,根据用户已有的偏好数据去推荐一个未知物品是合理的。这就是基于物品的推荐算法。

基于物品的推荐算法是以已有的物品为线索去进行相似度计算,从而推荐给特定的目标用户。图 12-3 展示了基于物品的推荐算法的表现形式。

这次同样是给用户 3 推荐一个物品,在不知道其他用户的情况下,通过计算或者标签的方式得出与已购买物品最相近的物品推荐给用户。这就是基于物品相似度的物品推荐算法。

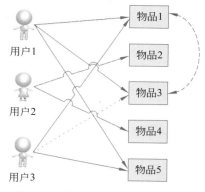

图 12-3 基于物品的协同过滤算法

12.3.2 关于物品间相似度计算

欧几里得距离是最常用的计算距离的公式,它表示三维空间中两个点的真实距离。

欧几里得相似度计算是一种基于用户之间直线距离的计算方式。在相似度计算中,不同的物品或者用户可以将其定义为不同的坐标点,而特定目标定位为坐标原点。使用欧几里得距离计算两个点之间的绝对距离,公式如下。

$$d = \sqrt{(x_1 - x_2)^2 + (y_1 - y_2)^2}$$

提示:在欧几里得相似度计算中,由于最终数值的大小与相似度成反比,因此在实际应用中常常使用欧几里得距离的倒数作为相似度值,即 $1/d+1$ 作为相似值。

作为计算结果的欧几里得距离,显示的是两点之间的直线距离,该值的大小表示两个物品或者用户差异性的大小,即用户的相似性如何。两个物品或者用户距离越大,其相似度越小,距离越小则相似度越大。下面来看一个例子,表 12-7 是一个用户与其他用户的打分表。

表 12-7 用户与物品评分对应表

	物品 1	物品 2	物品 3	物品 4
用户 1	1	1	3	1
用户 2	1	2	3	2
用户 3	2	2	1	1

如果需要计算用户 1 和其他用户之间的相似度,那么通过欧几里得距离公式可以得出

$$d_{12} = 1/1 + \sqrt{(1-1)^2 + (1-2)^2 + (3-3)^2 + (1-2)^2} = 1/1 + \sqrt{2} \approx 0.414$$

用户 1 和用户 2 的相似度为 0.414,而用户 1 和用户 3 的相似度为

$$d_{13} = 1/1 + \sqrt{(1-2)^2 + (1-2)^2 + (3-1)^2 + (1-1)^2} = 1/1 + \sqrt{6} \approx 0.287$$

d_{12} 的分值大于 d_{13} 的分值,因此可以说用户 2 比用户 3 更加相似于用户 1。

另外,还有基于余弦角度的相似度计算,这里不再展开。

12.3.3 关于 ALS 算法中的最小二乘法

本项目采用 Spark ML 中的 ALS 算法,这里简单地介绍一下 ALS 算法的基础——LS(Least Square,最小二乘法)。

LS 算法是一种数学优化技术,也是一种机器学习常用算法。它通过最小化误差的平方和寻找数据的最佳函数匹配。利用最小二乘法可以简便地求得未知的数据,并使得这些求得的数据与实际数据之间误差的平方和最小。最小二乘法可用于曲线拟合。其他一些优化问题,也可以通过最小化能量或最大化熵用最小二乘法来表达。

为了便于理解最小二乘法,通过图 12-4 演示一下原理。

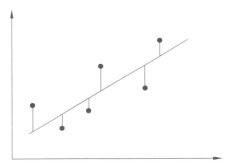

图 12-4 最小二乘法原理

若干点依次分布在向量空间中,如果希望找出一条直线和这些点达到最佳匹配,那么最简单的一个方法就是希望这些点到直线的距离值最小,即

$$f(x) = ax + b$$
$$\delta = \sum (f(x_i) - y_i)^2$$

在上述公式中,$f(x)$ 是直接的拟合公式,也是所求的目标函数。这里希望各个点到直线的值最小,也就是可以将其理解为差值和最小。可以使用微分的方法求出最小值,限于篇幅的关系这里不再细说。

提示:读者可以自行研究最小二乘法的公式计算。笔者建议读者自己实现最小二乘法的程序。

12.3.4 基于 ALS 算法影片推荐实战

下面进入基于 ALS 算法的影片推荐实现部分。

1. 切分数据集

ALS 算法的前验基础是切分数据集，这里选用程序 12-1 的数据集合，即从 MovieLen 中采样的部分影评数据，形成一个 TXT 文件。首先建立数据集文件 sample_movielens_ratings.txt，内容如图 12-5 所示。

sample_movielens_ratings.txt - 记事本
文件(F) 编辑(E) 格式(O) 查看(V) 帮助(H)
0::2::3::1424380312
0::3::1::1424380312
0::5::2::1424380312
0::9::4::1424380312
0::11::1::1424380312
0::12::2::1424380312
0::15::1::1424380312
0::17::1::1424380312
0::19::1::1424380312
0::21::1::1424380312
0::23::1::1424380312
0::26::3::1424380312
0::27::1::1424380312
0::28::1::1424380312
0::29::1::1424380312
0::30::1::1424380312
0::31::1::1424380312
0::34::1::1424380312
0::37::1::1424380312
0::41::2::1424380312
0::44::1::1424380312
0::45::2::1424380312

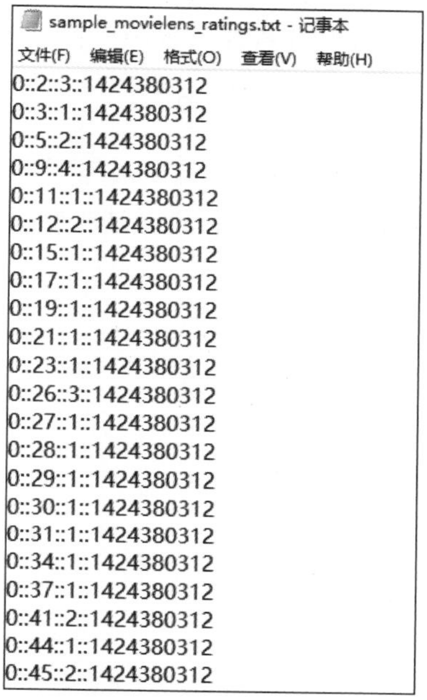

图 12-5　数据集文件 sample_movielens_ratings.txt

需要注意的是，ML 中的 ALS 算法有固定的数据格式，源码如下。

```
case class Rating(userId: Int, movieId: Int, rating: Float, timestamp: Long)
```

其中，Rating 是固定的 ALS 输入格式，要求是一个元组类型的数据，其中的数值分别为[Int,Int, Float, Long]，因此在数据集建立时用户名和物品名分别用数值代替，而最终的评分没有变化，最后是一个时间戳(类型是 Long)。基于 Spark 3.5 架构，可以将迭代算法 ALS 很好地并行化。

2. 建立 ALS 数据模型

第二步就是建立 ALS 数据模型。ALS 数据模型是根据数据集训练获得的，源码如下。

```
val Array(training, test) =ratings.randomSplit(Array(0.8, 0.2))
val als =new ALS()
  .setMaxIter(5)
  .setRegParam(0.01)
  .setUserCol("userId")
  .setItemCol("movieId")
  .setRatingCol("rating")
val model =als.fit(training)
```

ALS 是由若干 setters 设置参数构成的，其解释如下。

- numBlocks(numItemBlocks、numUserBlocks)：并行计算的 block 数(-1 为自动配置)。
- rank：模型中的隐藏因子数。
- maxIter：算法最大迭代次数。
- regParam：ALS 中的正则化参数。
- implicitPref：使用显式反馈 ALS 变量或隐式反馈。
- alpha：ALS 隐式反馈变化率用于控制每次拟合修正的幅度。
- coldStartStrategy：将 coldStartStrategy 参数设置为"drop"，以便删除 DataFrame 包含 NaN 值的预测中的任何行。

这些参数协同作用，从而控制 ALS 算法的模型训练。

最终 Spark 3.5 的 ML 库基于 ALS 算法的协同过滤推荐代码如程序 12-8 所示。

程序 12-8　ALSExample.scala

```scala
import org.apache.spark.ml.evaluation.RegressionEvaluator
import org.apache.spark.ml.recommendation.ALS
import org.apache.spark.sql.SparkSession

object ALSExample {

  //定义 Rating 格式
  case class Rating(userId: Int, movieId: Int, rating: Float, timestamp: Long)
  def parseRating(str: String): Rating = {
    val fields = str.split("::")                                        //分隔符
    assert(fields.size == 4)
    Rating(fields(0).toInt, fields(1).toInt, fields(2).toFloat, fields(3).
toLong)
  }

  def main(args: Array[String]): Unit = {
    val spark = SparkSession
        .builder                                      //创建 Spark 会话
        .master("local")                              //设置本地模式
        .appName("ALSExample")                        //设置名称
        .getOrCreate()                                //创建会话变量
    import spark.implicits._

    //读取 Rating 格式并转换 DF
    val ratings = spark.read.textFile("data/mllib/als/sample_movielens_
ratings.txt")
        .map(parseRating)
        .toDF()
    val Array(training, test) = ratings.randomSplit(Array(0.8, 0.2))

    //在训练集上构建推荐系统模型、ALS 算法,并设置各种参数
    val als = new ALS()
        .setMaxIter(5)
        .setRegParam(0.01)
        .setUserCol("userId")
```

```
            .setItemCol("movieId")
            .setRatingCol("rating")
    val model =als.fit(training) //得到一个 model: 一个 Transformer

    //在测试集上评估模型,标准为 RMSE
    //设置冷启动的策略为'drop',以保证不会得到一个'NAN'的预测结果
    model.setColdStartStrategy("drop")
    val predictions =model.transform(test)

    val evaluator =new RegressionEvaluator()
        .setMetricName("rmse")
        .setLabelCol("rating")
        .setPredictionCol("prediction")
    val rmse =evaluator.evaluate(predictions)
    println(s"Root-mean-square error =$rmse")

    //为每一个用户推荐 10 部电影
    val userRecs =model.recommendForAllUsers(10)
    //为每部电影推荐 10 个用户
    val movieRecs =model.recommendForAllItems(10)

    //为指定的一组用户生成 top10 个电影推荐
    val users =ratings.select(als.getUserCol).distinct().limit(3)
    val userSubsetRecs =model.recommendForUserSubset(users, 10)
    //为指定的一组电影生成 top10 个用户推荐
    val movies =ratings.select(als.getItemCol).distinct().limit(3)
    val movieSubSetRecs =model.recommendForItemSubset(movies, 10)
    //打印结果
    userRecs.show()
    movieRecs.show()
    userSubsetRecs.show()
    movieSubSetRecs.show()

    spark.stop()
  }
}
```

在上面的程序中,使用 ALS() 根据已有的数据集建立了一个协同过滤矩阵推荐模型,之后使用 recommendForAllUsers() 方法为一个用户推荐 10 个物品(电影)等,结果打印如下。

```
Root-mean-square error =1.684832316936912
+------+------------------+
|userId |  recommendations |
+------+------------------+
|  28   |[[25, 6.00149], [...|
|  26   |[[94, 5.29422], [...|
|  27   |[[47, 6.3299623],...|
|  12   |[[46, 6.5864477],...|
|  22   |[[7, 5.437798], [...|
|  1    |[[68, 3.8732295],...|
|  13   |[[96, 3.8646204],...|
```

```
|    6    |[[25, 4.5257554], ...    |
|   16    |[[85, 4.960823], ...     |
|    3    |[[96, 4.1602864], ...    |
|   20    |[[22, 4.770223], ...     |
|    5    |[[55, 4.090011], ...     |
|   19    |[[46, 5.232961], ...     |
|   15    |[[46, 4.8397903], ...    |
|   17    |[[90, 4.914645], ...     |
|    9    |[[48, 5.1486597], ...    |
|    4    |[[52, 4.2062426], ...    |
|    8    |[[29, 5.071128], ...     |
|   23    |[[90, 5.842731], ...     |
|    7    |[[27, 5.47984], [...     |
+------+-------------------+
only showing top 20 rows


+-------+-------------------+
|movieId |    recommendations      |
+-------+-------------------+
|   31    |[[12, 3.931116], ...     |
|   85    |[[16, 4.960823], ...     |
|   65    |[[23, 4.9316106], ...    |
|   53    |[[21, 5.080318], ...     |
|   78    |[[0, 1.5588677], ...     |
|   34    |[[18, 4.6249347], ...    |
|   81    |[[28, 4.7397876], ...    |
|   28    |[[24, 5.2909055], ...    |
|   76    |[[0, 4.9046974], ...     |
|   26    |[[11, 4.4119563], ...    |
|   27    |[[7, 5.47984], [1...     |
|   44    |[[24, 4.7212014], ...    |
|   12    |[[28, 4.688432], ...     |
|   91    |[[11, 3.1263103], ...    |
|   22    |[[26, 5.134186], ...     |
|   93    |[[2, 5.194844], [...     |
|   47    |[[27, 6.3299623], ...    |
|    1    |[[25, 2.9610748], ...    |
|   52    |[[14, 4.997468], ...     |
|   13    |[[23, 3.8639143], ...    |
+-------+-------------------+
only showing top 20 rows


+------+-------------------+
|userId |    recommendations      |
+------+-------------------+
|   28    |[[25, 6.00149], [...     |
|   26    |[[94, 5.29422], [...     |
|   27    |[[47, 6.3299623], ...    |
+------+-------------------+
```

```
+-------+--------------------+
|movieId|     recommendations|
+-------+--------------------+
|   31  |[[12, 3.931116], ...|
|   85  |[[16, 4.960823], ...|
|   65  |[[23, 4.9316106],...|
+-------+--------------------+
```

在使用 ALS 进行预测时,通常会遇到测试数据集中的用户或物品没有出现的情况,这些用户或物品在训练模型期间不存在。针对上述问题 Spark 提供了将 coldStartStrategy 参数设置为"drop"的方式,就是删除 DataFrame 中包含 NaN 值的预测中的任何行。然后根据非 NaN 数据对模型进行评估,并且该评估是有效的。目前支持的冷启动策略是"nan"(上面提到的默认值)和"drop",将来可能会支持进一步的策略。

提示:程序中的 rank 表示隐藏因子,numIterator 表示循环迭代的次数,读者可以根据需要调节数值。报出 StackOverFlow 错误时,可以适当地调节虚拟机或者 IDE 的栈内存。另外,读者可以尝试调用 ALS 中的其他方法,以更好地理解 ALS 模型的用法。Spark 官方实现的 ALS 由于调度方面的问题在训练的时候比较慢。

小结

本章主要基于 MovieLens 数据集进行了 Spark 数据分析项目实战。首先,基于 Spark SQL 对电影数据和电影评分数据进行数据分析,实现电影类别及评分等数据统计。其次,基于 Spark ML 进行电影推荐实战,并对协同过滤算法进行了详细讲解。